THÈSE AGRICOLE

LE LIMOUSIN
RÉGION D'ÉLEVAGE

THÈSE AGRICOLE

soutenue en juillet 1926

A L'INSTITUT AGRICOLE DE BEAUVAIS

devant

MM. les Délégués de la Société des Agriculteurs de France

par

PAUL DE MAGONDEAU

BEAUVAIS

IMPRIMERIE DÉPARTEMENTALE DE L'OISE

26, rue de Malherbe, 26

1926

A MES CHERS PARENTS

En témoignage d'affection
et de filiale reconnaissance

PRÉFACE

Le Limousin pays d'Elevage

Collines toutes vertes de taillis, sombre verdure des châtaigniers, vert éclatant des prairies humides, verts multiples à peine coupés de brun par les terres labourées, vous faites du Limousin un pays merveilleux qui repose et enchante la vue.

Souvent le ciel bas et lourd de brouillards fonce toute la gamme des verts et mon pays peut sembler triste au voyageur qui le parcourt ; mais qu'un rayon de soleil perce les nuages, le Limousin apparaît dans toute la splendeur de ses bois et de ses prairies.

Et si, charmé, le voyageur s'arrête, il entendra la chanson des petits ruisseaux, la chanson de l'eau qui fuit. Notre gazon n'est si vert que parce qu'il est continuellement arrosé. Une irrigation naturelle abondante donne à l'herbe sa saveur et la richesse à nos campagnes. Car ces prairies ne sont pas désertes, de nombreux troupeaux y paissent. Des vaches limousines, superbes dans leurs robes fauves, broutent l'herbe sous l'œil vigilant du chien qui les garde.

Quand le soir vient, le berger rassemble le troupeau, le chien s'affaire, aboie, et les bêtes s'en vont à la ferme, lentement, avec une sorte de majesté. En route, on croise les brebis qu'un enfant ramène... De l'enclos qui touche à la ferme sort le troupeau des porcs, qui rentre à l'étable en **grognant.**

Et demain, quand le soleil aura bu la rosée, les bêtes retourneront à la prairie. Elles iront d'une allure vive ; les petits veaux gambaderont, car le troupeau gourmand aime l'herbe toujours fraîche, abondante et parfumée.

Le Limousin est un pays d'élevage.

Il ne peut pas être autre chose, c'est ce que je vais m'appliquer à démontrer. J'étudierai les troupeaux que nous avons vus disséminés dans les prairies, ces troupeaux, richesse d'une province que je rêve de voir toujours plus riche et plus belle. Puisse-t-elle, cette terre attachante et si douce, garder ses paysans et conserver toujours des bergers à ses troupeaux.

Paul de Magondeau,

Lauréal de la Société des Agriculteurs de France.

CHAPITRE PREMIER

LE LIMOUSIN

Dans le morcellement des provinces en départements, on a surtout envisagé le point de vue
administratif. On ne s'est occupé ni du climat, ni
des cultures, ni du sol, ni de tous les caractères
propres à une région qui avaient servi à diviser
autrefois la France en provinces.

De toutes ces belles et riches provinces, nous ne
nous occuperons ici que du Limousin.

Il s'étend sous la forme d'un trapèze irrégulier
dont la grande base s'adosse à l'est au massif des
Monts d'Auvergne et du Cantal, et la plus petite,
à l'ouest, court de Confolens à Nontron. Le territoire du Limousin (Haut et Bas-Limousin, Haute
et Basse-Marche) couvre 1.503.036 hectares, dont
24.729 ont été cédés au département de la Charente
et 23.858 à celui de la Dordogne ; il restait donc
1.452.449 hectares qui ont servi à former les départements de la Creuse, de la Haute-Vienne et de la
Corrèze, en y incorporant toutefois 57.206 hectares
du Bourbonnais, 52.500 du Berry et 132.942 du
Poitou.

Pourquoi le Limousin

est-il un pays d'Elevage

Telle est la question qui découle naturellement du titre proposé à cet ouvrage.

Dans ce chapitre tout de généralités, je vais faire connaître de mon mieux les conditions climatologiques, orographiques, géologiques, hydrographiques, conditions culturales, modes d'exploitation, etc., qui font que le Limousin est un pays d'élevage et ne peut être autre chose.

Climatologie

Le territoire limousin, par sa position géographique et par la pente générale de son sol, appartient encore à la partie de la France que l'on désigne sous le nom d'ouest océanien. Cependant une bonne partie de son terrain, surtout celle occupée par les hauts plateaux, est incorporée dans le régime du massif central.

Aussi peut-on dire que le climat du Limousin est un mélange du climat du littoral et du climat de l'intérieur.

Le Limousin est la région où les vents des deux régions citées se combattent. Ceci pourrait, je crois, expliquer les variations de température que nous supportons en Limousin.

Il faut joindre à ces influences générales la part considérable qui revient à l'altitude et à la nature du sol et qui fait de nos hauts plateaux des régions

froides et humides arrosées de pluies nombreuses
et abondantes.

Ce climat a une influence sur les indigènes qui,
endurcis par ces variations, jouissent d'un tempé-
rament plus robuste et très résistant.

Un tel climat dicte impérieusement un certain
mode d'exploitation cultural pour la région ; c'est
ce que je voudrais démontrer.

Les plantes de la culture ordinaire sont très
sensibles aux variations de température.

C'est ainsi que la culture du blé, peu pratiquée
pour d'autres raisons que j'exposerai plus loin,
trouverait dans le climat local un ennemi acharné
qui, par ses variations, en ferait rapidement la
proie des maladies cryptogamiques s'il négligeait
de la tuer par la gelée ou par la chaleur revenue
brusquement, ou si, par ses pluies fréquentes et
abondantes, il n'eût entravé la fécondation des
fleurs. Il est donc presque impossible d'obtenir des
récoltes ayant des rendements sérieux et réguliers.

Tandis que la culture nécessaire à l'élevage est
peu délicate ; en effet, les prairies naturelles
s'accommodent très bien du climat très humide, la
renommée des prairies limousines en est la
garantie.

Les topinambours, les pommes de terre, les betteraves et le maïs, cultivés pour l'alimentation des
animaux, ne souffrent pas non plus de ce climat
comme le feraient les céréales.

Pour l'élevage, le Limousin possède des races
animales dont je parlerai plus loin, qui, à l'exemple
de l'homme du pays, sont acclimatées à la région
et ne tirent que des avantages de l'âpreté du climat,

notamment leur rusticité et leur endurance qui les font tant apprécier.

Vouloir y introduire des bêtes étrangères est chose des plus périlleuses, nous n'avons qu'à nous en féliciter, car ceci nous permet de conserver nos races **pures**.

Orographie

Le Limousin est très accidenté, quoique ne présentant pas d'altitudes remarquables ; il est formé par une succession de coteaux ayant une altitude de 300 à 600 mètres. Ces coteaux sont peu fertiles car, étant mal protégés, leurs talus abrupts laissent écrouler dans la vallée, sous l'influence des eaux de pluies et de ruissellements, l'humus et les principes fertilisants qui leur sont indispensables pour être livrés à une culture rémunératrice.

Sur les hauts plateaux, le sol imperméable réunit les eaux pluviales en flaques stagnantes que l'évaporation n'arrive à faire disparaître que très lentement.

Qui penserait à livrer ces coteaux à la culture des céréales ? Ce serait folie. On en tire tout le parti possible en y cultivant les racines et les tubercules nécessaires à l'alimentation du bétail, car ces plantes permettent le labour en billons ; en faisant les sillons transversalement à la pente du coteau, on arrive ainsi à endiguer les eaux de ruissellement qui appauvrissent le sol.

Quelquefois, on plante le flanc de ces coteaux de taillis de châtaigniers, qui sont aujourd'hui d'un bon rapport, et qui, eux aussi, par leur couvert, empêchent le ruissellement.

Le sommet des coteaux est employé parfois pour la culture de quelques céréales résistantes comme le seigle et les blés jardins.

Les vallées qui séparent les coteaux sont remarquables par leur fertilité. Les ruisseaux y sont nombreux, limpides et capricieux.

Le sol alluvionnaire de ces vallées est très riche et, par son irrigation abondante, il convient essentiellement aux prairies naturelles.

Mais ces vallées, à cause de leur état d'humidité et des brouillards qui les enveloppent matin et soir, ne sauraient convenir à aucun mode de culture autre que celui des prairies naturelles.

Or, puisque le Limousin possède les prairies naturelles, que lui reste-t-il de mieux à faire que de se livrer à l'élevage ?

Hydrographie

Le Limousin a un régime hydrographique des plus chargés. Il est sillonné par les rivières suivantes :

Le Cher (320 km.), prend sa source au hameau de Merchinval, canton du Crocq (Creuse). Il se dirige vers le nord et sépare le département de la Creuse de ceux du Puy-de-Dôme et de l'Allier sur une longueur de 20 kilomètres ; son affluent le plus important prenant sa source en Limousin est la Tardes (61 km.).

La Creuse (250 km.), affluent de droite de la Vienne, prend sa source au pied du mont Odouze, à 1.500 mètres de Feniers, et quitte le département près de Crozant.

La Gartempe (170 km.), affluent de gauche de la Creuse, qu'elle rencontre à la Roche-Posay (Vienne), prend sa source près de Lepinas, canton d'Ahun (Creuse).

Le Taurion (96 km.), naît au plateau de Gentioux (Creuse) et se réunit à la Vienne à Saint-Priest-Taurion, 12 km. en amont de Limoges.

La Vienne (372 km.), affluent de gauche de la Loire, prend sa source au plateau de Millevaches par 858 mètres d'altitude ; elle court d'abord de l'est à l'ouest, puis, refoulée par les monts d'Ambazac, elle descend avec le Taurion du nord au sud, reprend sa direction de l'est à l'ouest pendant la traversée du département et s'élève enfin vers le nord, à la sortie de la Haute-Vienne, pour se réunir à la Loire.

Les affluents les plus importants de la Vienne coulant dans le Limousin sont :

La Briance, la Glane et l'Issoire.

La Charente (360 km.), prend sa source à Chéronnac (Haute-Vienne) ; elle reçoit deux affluents, la Tardoire et le Bandiat, qui disparaissent dans les fissures du sol près de La Rochefoucault (Charente) pour reparaître en une source puissante à Touvre, où ils forment la rivière de ce nom, affluent de la Charente.

L'Isle (235 km.), a sa source près de Nexcou (Haute-Vienne) et appartient au bassin de la Garonne ; son affluent de droite, la Dronne (178 km.), naît également en Haute-Vienne, dans les coteaux de Lastours.

La Vézère (200 km.), prend sa source à Meymac, au sud du plateau de Millevaches ; elle reçoit la Corrèze au-dessus de Brive.

La Dordogne (490 km.), prend sa source au Puy-de-Sancy, dans le Puy-de-Dôme.

Cette énumération ne comporte que les cours d'eau d'une certaine importance, mais à ceux-ci il faut ajouter les innombrables petits ruisseaux qui parcourent les vallées. On peut y ajouter des sources très nombreuses qui déversent leurs eaux sur le sol ; l'irrigation en tire un excellent parti dans les prairies naturelles très favorisées par un tel régime hydrographique.

Géologie

La région limousine est concentrée en une gigantesque tubérosité de terrains d'un même groupe géologique ; elle est entourée au sud, à l'ouest et au nord-ouest de terrains d'un âge moins ancien qui recouvraient, aux époques secondaires et tertiaires, le sous-jurassique.

Le sol de notre région est constitué par un ensemble de roches dépendant de l'époque primitive.

Quelques-unes d'entre elles ont dû probablement se consolider au sein des vapeurs et des liquides surchauffés qui couvraient notre planète au début de ces périodes lointaines ; d'autres, moins lointaines, poussées par des pressions intérieures et sous l'influence d'une haute température d'infiltration aqueuse, d'explosion de gaz et d'autres causes encore peu connues, ont soulevé les couches déjà formées, les ont disloquées et se sont fait jour à travers les espaces restés libres.

D'autres encore ont fait éruption à la surface en pratiquant des trouées dans le corps même de la matière à l'état pâteux, mêlant, au point de contact, leurs éléments à ceux de la roche en voie de refroidissement.

D'autres enfin se sont infiltrées dans les crevasses et les failles occasionnées par le retrait de la croûte terrestre et ont constitué des veines, des filons, des dikes et même des bancs assez puissants.

D'après M. E. Barret, les roches qui paraissent s'être consolidées les premières sont les schistes cristallins (micaschistes, gneiss et leptynites). Après elles, les granits, premières roches éruptives, se sont montrés, puis sont venues les diorites, les syénites, les kersautons, les diallagites et les serpentines ; un peu plus tard, les roches de filons, telles que granulites et pegmatites, calcaire azoïque, ont fait leur apparition ; enfin, les porphyres, les derniers arrivés, ont complété la série des roches primitives de notre contrée.

Les deux roches dominantes en Limousin sont le granit et le gneiss.

Le granit, par sa décomposition, donne un sol très argileux ; la désagrégation en est facile et le sol assez profond, mais pauvre en chaux et en anhydride phosphorique. Le gneiss donne, lui aussi, un terrain peu favorable à la culture, qui porte généralement (bruyère, ajoncs, genêts, chênes, châtaigniers) ; le sol manque de profondeur et d'éléments fertilisants, il est toujours d'une excessive légèreté.

Cependant, le mélange de ces terres et de celles données par la décomposition du granit ne donne pas un mauvais sol.

Cette étude géologique, aussi sommaire soit-elle, montre que le sol du Limousin n'est pas fait pour la culture des céréales ; en effet, que demande surtout la formation du grain ? de l'anhydride phosphorique, or, nous venons de voir que notre sol en est à peu près dépourvu, ainsi que de chaux.

Conditions d'exploitation

Les trois quarts des exploitations limousines sont soumises au colonage ; quelques-unes, assez rares, sont travaillées par le faire-valoir direct.

Ces deux modes d'exploitation ayant chacun des répercussions différentes sur le cheptel vivant qui, ici, nous intéresse, il est bon de dire un mot sur chacun d'eux.

Le Métayage

Le métayage ou colonage est réglementé par la loi suivante, *du 18 juillet 1889* :

ARTICLE PREMIER. — Le bail à colonat est le contrat par lequel le possesseur d'un héritage rural le remet pour un certain temps à un preneur qui s'engage à le cultiver sous la condition d'en partager les produits avec le bailleur.

ART. 2. — Les fruits se partagent par moitié, s'il n'y a stipulation ou usage contraire.

ART. 3. — Le bailleur est tenu à la délivrance et à la garantie des objets compris au bail. Il doit faire aux bâtiments toutes les réparations qui peuvent devenir nécessaires. Toutefois, les réparations locatives ou de menu entretien, qui ne sont nécessitées ni par vétusté, ni par force majeure, demeurent, à moins de stipulation ou d'usages contraires, à la charge du colon.

ART. 4. — Le preneur est tenu d'user de la chose en bon père de famille, en suivant la destination qui lui a été donnée par le bail ; il est également tenu aux obligations spécifiées pour le fumier par les articles 1730, 1731, 1768 du Code civil.
Il répond de l'incendie, des dégradations et des pertes arrivées pendant la durée du bail, à moins qu'il ne prouve qu'il a veillé à la garde et à la conservation de la chose en bon père de famille. Il doit se servir des bâtiments d'exploitation qui existent dans les héritages qui lui sont confiés et résider dans ceux qui sont affectés à l'habitation.

ART. 5. — Le bailleur a la surveillance des travaux et la direction générale de l'exploitation, soit pour le mode de culture, soit pour l'achat et la vente des bestiaux.

L'exercice de ce droit est déterminé, quant à son étendue, par la convention ou, à défaut ce convention, par l'usage des lieux.

Le droit de chasse et de pêche reste au propriétaire.

Art. 6. — La mort du bailleur de la métairie ne résout pas le bail à colonat.

Ce bail est résolu par la mort du preneur ; la jouissance des héritiers cesse à l'époque consacrée par l'usage des lieux pour l'expiration des baux annuels.

Art. 7. — S'il a été convenu qu'en cas de vente, l'acquéreur pourrait résilier, cette résiliation ne peut avoir lieu qu'à la charge par l'acquéreur de donner congé suivant l'usage des lieux.

Dans ce cas, comme ce qui est prévu dans le dernier paragraphe de l'article précédent, le colon a droit à une indemnité pour les dépenses extraordinaires qu'il a faites, jusqu'à concurrence du profit qu'il aurait pu en tirer pendant la durée de son bail ; la résiliation en cas de vente est réglée, au surplus, par les articles 1743, 1749, 1750, 1751 du Code civil.

Art. 8. — Si, pendant la durée du bail, les objets qui y sont compris sont détruits en totalité par cas fortuit, le bail est résilié de plein droit.

S'ils ne sont détruits qu'en partie, le bailleur peut se refuser à faire les réparations et les dépenses nécessaires pour les remplacer ou les rétablir. Le preneur et le bailleur peuvent, dans ce cas, suivant les circonstances, demander la résiliation.

Si la résiliation est prononcée, à la requête du bailleur, le juge appréciera l'indemnité qui pourrait être due au preneur, conformément au deuxième paragraphe de l'article 7 de la présente loi.

Art. 9. — Si, dans le cours de la jouissance du colon, la totalité ou une partie de la récolte est enlevée par cas fortuit, il n'a pas d'indemnité à réclamer du bailleur ; chacun d'eux supporte sa portion correspondante dans la perte commune.

Art. 10. — Le bailleur exerce le privilège de l'article 2102 du Code civil sur les meubles, effets, bestiaux et portion de récolte appartenant au colon, pour le paiement du compte à rendre par celui-ci.

Art. 11. — Chacune des parties peut demander le règlement annuel du compte d'exploitation.

Le juge de paix prononce sur les difficultés relatives, lorsque les obligations résultant du contrat ne sont pas contestées, sans appel, lorsque l'objet de la contestation ne dépasse pas le taux de sa compétence générale, en dernier ressort et à la charge d'appel, à quelque somme que puisse s'élever.

Le juge statue sur le vu des registres des parties et peut même admettre la preuve testimoniale s'il le juge convenable.

Art. 12. — Toute action résultant du bail à colonat partiaire se prescrit par cinq ans, à partir de la sortie du colon.

Art. 13. — Les dispositions de la section première du titre du louage contenues dans l'article 1718 et dans les articles 1736 à 1741 inclusivement et celle de la section 3 du même titre, contenues dans les articles 1706, 1777 et 1778, sont applicables aux baux à colonat partiaire ; les baux sont en outre régis pour le surplus par l'usage des lieux.

Les arrangements des deux parties sont consignés dans un contrat nommé baillette.

Il existe plusieurs genres de baillette :

1° Celle rédigée par un notaire et devant témoin ;

2° Celle établie en sous-seing privé entre le preneur et le bailleur.

Au point de vue de la durée du bail à colonage, on peut citer deux sortes de baillettes :

1° Le bail à longue durée. Ce système ne me semble pas avantageux ; en effet, les deux contractants ne se connaissent qu'insuffisamment quand ils passent la baillette. Ils appréhendent par conséquent un bail à colonage de longue durée, car ils ne savent pas s'ils se conviendront comme associés.

Ils préfèrent alors un bail de peu de durée, un ou deux ans, qu'il faudra renouveler si les contractants doivent d'un commun accord voir continuer le contrat. Ce système trop compliqué a presque disparu aujourd'hui, pour faire place à :

2° Bail par tacite reconduction à la fin de chaque année.

Ce système facilite la liberté d'agir des deux côtés et n'enraye en rien la possibilité des améliorations foncières.

Un bon métayer, depuis longtemps établi dans un domaine, arrive à ne plus penser que son bail peut prendre fin chaque année.

D'autre part, s'il y avait mésintelligence entre les parties, ils auraient la facilité de se quitter à la fin de la période d'un an déjà commencée. Dans la baillette, sont consignées toutes les conditions générales, mais les petites conditions, traitées souvent négligemment d'à-côtés, doivent aussi être confirmées : plus une baillette est explicite, moins sont grandes les chances de désaccord.

Vers la fin de la guerre, une tentative fut faite pour établir une baillette-type qui aurait servi à tous et supprimé les nombreuses chicanes intervenant sur des points ténébreux de certaines baillettes.

Cette entreprise, du reste louable, ne rencontra pas le succès qu'elle méritait, maintes difficultés survenant des usages locaux, aboutirent à la perte de la baillette unique et, depuis, on n'a plus reparlé d'accords de ce genre.

Bail à colonage

Par devant M⁰ .... notaire à la résidence de ...., assisté de MM. ...., et ...., demeurant à .... témoins soussignés,

A comparu :

M. ...., propriétaire, demeurant à ....

Lequel a, par ces présentes, laissé à titre de bail à colonage pour une année et une récolte entière, qui prendra cours le ...., pour finir à pareille époque de ...., sauf tacite reconduction, auquel ces parties continueront à être réglées par les présentes,

A M. .... et Mᵐᵉ ...., son épouse, cultivateurs, demeurant à ...., commune de ...., ici présents et qui acceptent solidairement,

Un domaine que M. ...., comparant et situé au village de ...., et dans les dépendances, commune de ...., composé de bâtiments d'habitation, d'exploitation, cour, jardin, terres, prés, bois-taillis, bois châtaigniers, bruyères et autres natures de fonds. Tels les dits immeubles se poursuivent et comportent et tels qu'ils sont actuellement jouis par les consorts ...., colons sortants, au terme d'un bail à colonage passé devant M⁰ , notaire soussigné, les ...., enregistré à l'exception de trois petites parcelles.

CONDITIONS

1° Les preneurs devront exploiter le dit domaine avec l'aide de leur famille, sans commettre ni souffrir qu'il soit commis de dégradations.

2° A leur entrée en jouissance, ils prendront à dire et estimation d'experts le cheptel mort ou vif que lais-

seront les consorts .... colons sortants pour du tout,
pareille qualité ou valeur à leur sortie, estimant d'ores
et déjà le foin et la paille 3 fr. 50 les 50 kilogrammes
pour la différence en plus ou en moins être reçue ou
payée sur ces bases.

2° Si les semences laissées par les colons sortants ne
sont pas suffisantes, M. ...... leur fournira le surplus.

3° Les foins et pailles seront laissés au toisé à la
sortie des colons et les colons devront laisser sans la
toiser et sans aucune indemnité la paille qui proviendra
de la dernière récolte.

5° Les preneurs paieront annuellement sur les impôts
fonciers et à titre d'indemnité de logement et de chauffage une somme de 100 francs ; ils paieront en outre
leurs cotes personnelles et mobilières, impôts sur les
chiens ; quant aux prestations, si les colons ne les font
pas en nature, le bailleur paiera la moitié des journées
de bestiaux et les preneurs paieront le surplus et les
journées d'hommes.

6° Les preneurs paieront le tiers de la chaux, la
moitié des engrais employés dans les terres et le tiers
de ceux employés dans les prés.

7° Ils donneront chaque année, en saison convenable,
quatre chapons, quatre poulets et cent œufs, la moitié
de la grosse volaille ; les chevreaux seront à moitié ;
ils donneront tous les ans dix hectolitres de pommes
de terre, mais l'année de leur sortie elles seront parta-
gées par moitié, prélèvement fait des dix hectolitres
ci-dessus.

8° Les colons ne pourront pas faire de charrois à
leur compte : ils seront tenus de faire ceux que M. .....
leur demandera.

9° Toutes les récoltes, tous les fruits, en un mot tous
les produits de la propriété, seront partagés par moitié,
sauf les foins, pailles et pommes de terre, que les colons
devront faire consommer dans le bien.

10° Les fers et ustensiles neufs, la castration des .nimaux et la saillie des vaches seront payés par moitié.

11° Pour les battages, le bailleur paye l'entrepreneur pour la totalité du grain battu et le colon doit se procurer le personnel nécessaire et le nourrir à ses frais.

12° Le bailleur fournit le bois de chauffage nécessaire au colon, mais ce dernier doit l'abattre à l'endroit qui lui est indiqué.

13° Les preneurs ne payent que le tiers de la valeur réelle du porc qu'ils tuent pour leur consommation.

Pour tout ce qui n'est pas prévu au présent, les parties s'en réfèrent à l'usage des lieux et à la loi du dix-huit juillet mil huit cent quatre-vingt-neuf.
Dont acte.

Faire-valoir direct

Ce deuxième système d'exploitation est peu répandu en Limousin.

Il faut cependant dire que quelques éleveurs désireux d'avoir leur entière liberté d'action et voulant se débarrasser des liens du métayage, ont adopté le faire valoir direct.

Je dois signaler du reste que ces exploitations sont généralement trop importantes pour pouvoir s'accommoder du colonage. Il serait assez difficile de trouver un métayer qui puisse prendre la responsabilité du cheptel d'une grande vacherie de concours.

Conclusion

Un climat humide soumis à l'action violente des vents, à de brusques sautes de température, un sol pauvre trop irrigué, semblent vouer le Limousin à une médiocrité désolante presque sœur de la pauvreté.

Pauvre, le paysan limousin l'a été bien longtemps. Têtu, replié sur ses vieilles méthodes, il ne suit guère les conseils d'un maître. Soumis au régime du métayage, il répugne à participer à de gros achats d'outillage agricole, de semences et d'engrais. « La terre donne peu, il convient de peu lui donner. » Et le métayer s'entête dans son raisonnement, poursuit sa petite culture, commet les erreurs qu'avaient commises ses devanciers.

Terre ingrate, homme ingrat ; région misérable. Il n'en est rien. Ce Limousin tant décrié par les provinces environnantes est devenu un pays riche que l'on envie. Et cette richesse, il la doit en partie à sa merveilleuse irrigation, à sa situation géographique. Un homme possède ordinairement les qualités de ses défauts. Il est rare qu'une nature humaine soit absolument déshéritée. Un violent fait quelquefois montre d'énergie, un orgueilleux peut trouver dans la fierté une note juste qui transforme son défaut en qualité. Il en est de même pour la terre. Bien rares sont les régions qui ne possèdent aucune richesse ou du moins aucune possibilité de richesse, qu'un travail intelligent peut faire éclore.

Le travailleur limousin est têtu, il est routinier, mais il est âpre au gain. Ces vents, ces pluies, cette humidité qui contrarient ses récoltes, il en a tiré un parti admirable. Là où seule l'herbe pouvait pousser, il a tout fait pour qu'elle pousse abondante. Il a irrigué ses prairies, et, dans ces magnifiques étendues vertes il a mis ses vaches, ses porcs, ses moutons et ses chevaux.

La bête rend beaucoup et le paysan limousin aime ses bêtes. Il les aime parce que l'élevage lui donne l'aisance que la culture lui avait refusée, et il les aime d'instinct.

Le Limousin est ce que l'on appelle un bon nourrisseur. Il a en plus un goût marqué pour le maquignonnage. Il sait profiter de la hausse pour la vente et de la baisse pour l'achat.

Aussi, dans toutes nos métairies, les étables sont pleines et le bas de laine de nos paysans est bien garni.

CHAPITRE II

ELEVAGE DES BOVINS

———

Introduction

On ne se livre pas au même élevage dans tout
le Limousin.

Les principaux élevages sont ·

1° Celui des bovins ;

2° Celui des porcins ;

3° Celui des ovins ;

4° Celui des équidés.

Si plusieurs de ces élevages sont pratiqués
simultanément dans la même région, dans la même
exploitation, ils n'en ont pas moins chacun une
zone où ils sont dominants.

C'est pour cela que dans la suite chacun de ces
élevages fera l'objet d'une étude particulière.

Je vais débuter par l'élevage le plus important
et le plus connu, celui des bovins.

Elevage des bovins

Origine de la vache limousine

Quand on part du centre de la France et que l'on descend par la vallée de la Garonne vers les Pyrénées, on rencontre une importante et fort belle population bovine.

En réunissant toute cette population sous une appellation unique à cause de l'uniformité des caractères extérieurs essentiels, Sanson la désignait sous le nom de « race d'Aquitaine ».

Cependant cette population bovine présente, pour les connaisseurs, des caractères particuliers aux bovins élevés dans telle ou telle région de l'Aquitaine ; c'est pour cette raison, pourrait-on dire, qu'il s'est formé des sous-races portant chacune des noms locaux.

Ces sous-races sont au nombre de cinq :

1° La Limousine ;

2° La Garonnaise ;

3° L'Agenaise ;

4° La Lourdaise ;

5° La Bazadaise.

De toute la population bovine de l'Aquitaine, la race la plus en progrès est la Limousine, c'est elle qui domine par ses succès toujours confirmés, c'est elle, en un mot, qui représente le type parfait de beauté des sous-races énumérées. C'est d'elle dont je parlerai uniquement dans ce chapitre.

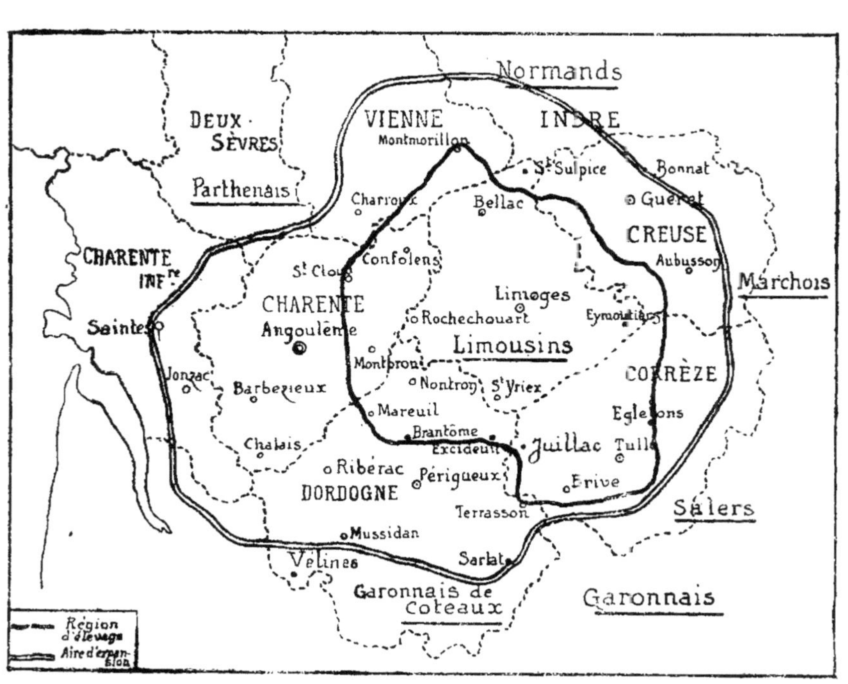

Normands
DEUX SÈVRES
VIENNE
INDRE
Montmorillon
St Sulpice
Bonnat
Parthenais
Charroux
Bellac
Gueret
CREUSE
Confolens
Aubusson
CHARENTE INFre
St Cloud
Marchois
CHARENTE
Limoges
Rochechouart
Eymoutiers
Saintes
Angoulême
Limousins
CORRÈZE
Montbron
Jonzac
Barbezieux
Nontron
St Yriex
Mareuil
Egletons
Chalais
Brantôme
Juillac
Tulle
Excideuil
Riberac
Périgueux
Brive
DORDOGNE
Salers
Terrasson
Mussidan
Vélines
Sarlat
Garonnais de Coteaux
Garonnais
Région d'élevage
Aire d'expansion

Zone d'élevage — Zone d'expansion

La région d'élevage la plus renommée est constituée par les environs de Limoges, mais cette zone s'est notablement agrandie, principalement au nord et à l'est.

On élève les Limousins dans tout le département de la Haute-Vienne, sauf dans le canton de Saint-Sulpice-les-Feuilles, et dans la portion des départements voisins situés en-deçà d'une ligne qui, partant de l'ouest de l'Isle-Jourdain (Vienne), passe dans l'arrondissement de Civray entre Availle et Chavoux, pour atteindre Saint-Clout et Chassemenil (Charente).

Sur ce parcours, la race Limousine est en contact avec la race Salers, importée d'Auvergne.

Ces deux races se pénètrent sur une zone étroite, sans donner lieu cependant à des croisements.

A partir de Chassemenil, la limite de l'aire géographique s'infléchit à l'ouest pour englober les cantons de la Rochefoucault et de Montbron, pénètre dans la Dordogne, puis de Mareuil-sur-Belle, se dirigeant à l'est de Brantôme et de Juillac, d'où elle reprend la direction sud-est vers Turanon et Larche.

Au dehors de cette limite, on ne rencontre que des Limousins importés des régions d'élevage pour être utilisés aux travaux agricoles et engraissés ensuite.

Dans la Corrèze, le contact avec le bétail de Salers se produit suivant une ligne passant d'abord au nord de Meynac et au sud de Beynat (arrondissement de Brive) pour remonter au nord par La Roche-Canillac, Moustier, Ventadour, Agletons et Davignac.

Vers la limite de la Creuse, les Limousins se trouvent en contact avec les Marchois. La race Limousine s'est étendue à l'est dans le département de la Creuse jusqu'à Felletin, Aubusson, et a repoussé au nord les Marchois en-deçà d'une ligne passant au-dessus de Saint-Sulpice-les-Champs pour se diriger vers Bénivent-l'Abbaye, gagner le bourg de Saint-Sulpice-les-Feuilles, dans la Haute-Vienne, et pénétrer légèrement dans la Vienne au sud de la Trémouille et Montmorillon. Dans ces dernières régions, les Limousins refoulent les Parthenais et les bœufs Salers d'importation.

On trouve du reste sur la carte de M. Diffloth, reproduite ici, le tracé de la zone d'élevage et de la zone d'expansion.

D'ailleurs, je dois faire remarquer que la zone d'expansion de la race bovine Limousine va toujours s'agrandissant.

Ce qui démontre clairement que dans les contrées où elle est en contact avec les autres bovins, on reconnaît sa supériorité incontestable.

Depuis quelques années, la race Limousine est grandement importée dans la Gironde, car le bœuf Limousin est fort, vigoureux, docile et susceptible d'être attelé seul.

Autant de choses par lesquelles il se signale au choix du viticulteur bordelais.

Effectifs

L'ensemble de cette population bovine limousine exploitée dans son centre d'élevage comprend approximativement 410.000 têtes (sujets au-dessus de 6 mois), formant un poids vif total de 115.000 à 140.000 tonnes, se répartissant comme suit :

Haute-Vienne	180.000	têtes
Corrèze	72.000	—
Charente	55.000	—
Creuse	51.000	—
Dordogne	30.000	—
Vienne	22.000	—
	410.000	têtes

Ces chiffres sont le résultat de recensements publiés par *la Vie à la Campagne* ; je me suis permis de les reproduire pour appuyer mes dires sur l'importance de la race Limousine.

Ces chiffres étant déjà assez anciens et la zone d'élevage du Limousin s'étendant toujours comme nous venons de le voir, je crois que je peux dire que l'effectif bovin a aujourd'hui dépassé de beaucoup 500.000.

Pour appuyer mes dires sur l'accroissement du nombre des bovins Limousins, je me permets de citer ici un relevé de trois statistiques, montrant bien le progrès réalisé.

Ces chiffres portent sur le seul département de
la Haute-Vienne.

	1808	1886	1922
Bœufs	27.192	34.138	24.644
Vaches	49.199	83.834	109.024
Veaux et génisses..	36.660	66.986	28.398
Taureaux		3.766	1.900
	113.051	192.724	163.966

Il est intéressant de constater que la statistique
de 1922 double celle de 1808.

De plus, la même statistique de novembre 1808
de M. Tissier Olivier mentionne que les bœufs
gras Limousins ne dépassent pas le poids de 300 à
350 kgs ; ces bœufs valaient 160 francs ; les
vaches, 130 francs.

Quelle différence avec nos bœufs gras d'aujour-
d'hui. Mais aussi, comme je le relaterai plus loin,
les engrais et les amendements mis dans les
prairies ont opéré leur œuvre sur la charpente de
nos bovins. Quelle différence aussi dans l'alimentation. M. Tissier Olivier ajoutait : « ...car on ne
leur donne pendant l'hiver qu'un mélange de paille
de seigle et d'avoine, le reste des bœufs à l'engrais
et le plus mauvais foin ».

Il faut citer les pays d'importation des bovins
Limousins. Le Périgord (sauf la Double, où les
Parthenais dominent), dans toute la partie située
au nord d'une ligne allant de Mussidan vers Le
Bugue, pour remonter au nord-est un peu
au-dessus de Saint-Cyprien-Sarlat et Salignac.

Au sud de cette ligne, les Limousins que l'on rencontre sont mélangés avec le Garonnais, qu'ils refoulent peu à peu à l'état de pureté, ou absorbent par des croisements.

A l'ouest, les Limousins occupent toute la partie du département de la Vienne située sur la rive droite de la rivière de ce nom, mélangés, il est vrai, à des Salers et à des Parthenais.

La population bovine est presque uniquement constituée, dans le territoire de la Charente situé au sud du fleuve, par des Limousins, que l'on retrouve également dans la Charente-Inférieure, peuplant la région limitée approximativement par le chemin de Saintes à Jonzac et comprenant, vers l'ouest, la plus grande partie du canton de Mirambeau.

La partie de la Gironde située au-dessus d'une ligne allant de Saint-Servin à la rivière de la Drôme, en laissant en dehors Coutras, est peuplée de bovins Limousins.

En estimant à 300.000 le nombre des bouvillons, bœufs d'engrais et de travail ainsi exportés, on arrive au nombre de 800.000 têtes de bétail.

Principaux centres où l'on trouve des reproducteurs

Dans toute la région citée, on est sûr de rencontrer de beaux choix de bovins Limousins à l'occasion des foires qui sont du reste très fréquentées.

La Haute-Vienne est probablement le département où il se tient le plus de foires.

Quelques-unes sont réputées, car les acquéreurs savent qu'ils y trouveront un choix qu'ils n'auraient pas ailleurs.

Les principales foires sont :

Limoges (Haute-Vienne) :

Le 28 décembre, dite « Foire de Noël ».
Le 10 avril.
Dernier jeudi d'avril, « lendemain du concours ».
Le 22 mai.

Chalus (Haute-Vienne) :

30 septembre.
2 mars.
23 avril.

Saint-Junien (Haute-Vienne) :

Le 20 de chaque mois.

Saint-Léonard (Haute-Vienne) :

Le 6 de chaque mois.

Nexon (Haute-Vienne) :

Le 16 de chaque mois.

Chabanais (Charente) :

Le 5 de chaque mois.

Description de la vache limousine

Ce qui frappe tout d'abord quand on examine une vache Limousine, c'est sa robe couleur froment plus ou moins rouge foncé, au reflet un peu vif et luisant.

Le poil frisé sur le tronc est très recherché, car il indique la finesse de la bête.

Le dessous du ventre et la face interne des membres sont de nuance plus claire que le reste du corps, mais sans qu'apparaisse une transition brusque dans la coloration.

La présence d'une auréole claire autour des yeux et du mufle est considérée comme un signe de distinction et de pureté de la race.

De même, on recherche avec un soin attentif la nuance rose uniforme de toutes les parties où la peau apparaît (mufle, paupières, pourtour des ouvertures naturelles et mamelles). On élimine rigoureusement depuis quelques années les sujets présentant sur ces parties des traces de pigmentation ou poils bruns sur le mufle, dans les oreilles, aux extrémités des pattes et de la queue.

Ces particularités indiquent une infusion ancienne de sang parthenais, car un certain nombre de vaches Parthenaises étaient autrefois entretenues dans les fermes du Limousin pour la production du lait nécessaire à la consommation journalière.

La tête est relativement fine et courte, mais très large ; le front doit être plat et former un carré à peu près régulier.

Les cornes doivent être rondes, fines et bien plantées, leur couleur doit être blanc jaunâtre, rougeâtre à l'extrémité. Droites et non relevées, la meilleure direction est arquées en avant.

Par suite de l'importance de l'orientation des cornes pour la fixation du joug, la sélection s'exerce efficacement pour maintenir ce caractère.

Aussi, chez les bêtes de race, le cornage est toujours la même.

Le cou est court par rapport à l'immense développement du corps de l'animal. Le fanon qui, autrefois, était très volumineux chez le taureau, tend aujourd'hui à diminuer considérablement de volume, c'est encore un résultat obtenu par la sélection.

L'épaule doit être bien attachée, c'est-à-dire qu'elle ne doit faire ni saillie ni creux autour des vertèbres. De plus, elle devra être suffisamment garnie ou bien musclée et la pointe de l'épaule ne sera pas proéminente, ce qui se traduit généralement plus bas par un genou cagneux.

Un des signes caractéristiques du bovin Limousin est d'avoir énormément de poitrine ; c'est ainsi que chez les beaux sujets, la profondeur de la poitrine varie entre 0^m60 et 0^m65 et l'écartement entre les membres antérieurs atteint de 0^m50 à 0^m55.

Le tronc est limité au-dessus par la ligne du dos, au-dessous par la ligne du ventre. Chez les beaux animaux, ces deux lignes sont presque parallèles.

Le tronc doit être bien cylindrique, le bassin, qui est très volumineux chez les vaches par suite des gestations, ne doit pas être développé chez le taureau. L'autre extrême, ou ventre levretté, est aussi à éviter.

Les hanches de la vache Limousine doivent être bien tablées, c'est-à-dire qu'elles sont bien rembourrées, formant un plan régulier. Ce mot tablé vient de ce que les hanches ainsi développées présentent un plan semblable à celui d'une table.

De plus, les hanches devront être assez écartées, ce qui facilitera la parturition.

La fesse ou culotte est presque un signe caractéristique de la race. En effet, à l'encontre de toutes les autres races bovines, le Limousin doit avoir la culotte bien descendue, non arrondie, mais extrêmement développée.

La queue doit être bien attachée, faisant bien naturellement suite aux vertèbres sacrées. Les vertèbres coccygiennes doivent être plates à leur partie supérieure.

Les attaches de queue en cimier ou en bateau sont rejetées à la sélection comme défectueuses.

Quoique la vache Limousine ne soit pas une vache laitière, on doit cependant rechercher les caractères suivants :

Le cuir doit être souple, fin et non collé à la peau, c'est-à-dire qu'on puisse le prendre facilement en le pinçant.

Le vagin doit être assez ouvert et l'on doit rechercher les écussons absolument comme chez les vaches laitières.

Le pis ne doit pas être pendant, mais former un carré bien régulier sous le ventre ; la peau doit en être fine et onctueuse au toucher.

Les veines abdominales ou mammaires qui sortent du pis à droite et à gauche, et qui serpentent sous le ventre, doivent être grosses, apparentes et variqueuses.

Enfin, les membres doivent être courts, bien plantés, bien droits, bien ossaturés, mais ils montrent un développement **musculaire** énorme.

La corne des onglons est généralement jaune assez claire.

La taille normale pour la vache Limousine varie entre 1^m40 et 1^m50.

Caractères particuliers du taureau

Son pelage est un peu plus foncé que celui de la vache, sans pour cela tomber dans le rouge sombre comme dans la robe du bœuf Salers.

Le taureau ne doit pas avoir beaucoup de fanon, ce qui lui fait l'encolure plus dégagée.

La culotte peut être plus arrondie que celle de la vache, sans que ce soit pour cela un **caractère à rechercher** dans la sélection.

La taille du taureau varie entre 1^m45 et 1^m60 ; comme on le voit, les disproportions entre les deux sexes sont peu sensibles.

Débouchés

Nous distinguerons les bêtes de boucherie. les bêtes de travail et les bêtes d'élevage.

1° BÊTES DE BOUCHERIE

En premier lieu, je citerai la consommation locale, mais qui n'est rien ou plutôt ne serait rien si elle n'était accompagnée des autres débouchés suivants que je cite pour mémoire : le **marché** de **Paris**, d'où on réexpédie sur le nord (Lille, Tourcoing, Roubaix, Amiens, etc...), l'est, l'ouest (Le Havre, Caen, l'hiver, lorsque la Normandie a vendu ses derniers animaux d'embouche), Bordeaux, Lyon, Saint-Etienne, Marseille, le Midi, toute la France en un mot.

Avant la guerre, un grand nombre d'animaux sur pied, choisis parmi les meilleurs comme rendements s'en allaient à l'étranger (Italie, Suisse, Allemagne, etc.).

2° BŒUFS DE TRAVAIL

Le marché des bœufs de travail, comme je l'ai déjà dit, est très restreint, car on engraisse, au lieu d'origine, la plupart des animaux susceptibles de convenir aux riches plaines où les cultivateurs n'élèvent pas de bœufs de trait, où la division du travail est poussée très loin, à cause du prix de la main-d'œuvre, de la valeur du temps, et où on préfère recevoir et utiliser des animaux bien dressés et que l'on ne considère pas comme des animaux de rente. Si les conditions de l'exploitation se modifiaient, en un mot, si on vendait les bœufs de cinq ans pour le harnais au lieu de les engraisser, on peut considérer que leur vente serait assurée et rémunératrice.

Car, à mon avis, au prix où sont l'essence et le pétrole, les tracteurs demeurent des outils de renfort, mais ne peuvent lutter, comme prix de revient, avec les chevaux et surtout avec les bovins.

Remarque. — Je crois nécessaire ici d'ouvrir une parenthèse, pour cette idée fort discutable et fort discutée de nos jours. Mais je crois qu'une comparaison de prix de revient de la journée de travail, en tenant compte du travail exécuté, serait, j'en suis sûr, encore favorable à la traction animale.

3° BÊTES D'ÉLEVAGE

Les débouchés pour cette troisième catégorie sont non moins assurés que les précédents, si nous en croyons MM. Laplaud. Voici leur manière de s'exprimer au Congrès de Brive, en octobre 1922 :

« Nous ne dirons rien du marché local des veaux, des génisses et des châtrons.

« Nous pensons qu'on ne bistourne pas assez les mâles ; seuls les veaux de choix susceptibles de faire des étalons devraient rester entiers ; les autres émasculés se vendraient tout aussi bien et trouveraient des acheteurs pendant leur première année dans certaines régions (Montmorillon, la Trémouille, l'Isle-Jourdain, l'Indre, etc.), où on se met à élever parce qu'on ne trouve pas de jeunes châtrons Limousins, mais seulement les veaux très nourris, qui périssent lorsqu'on les lâche à l'herbage après le bistournage. Enfin, les riches pays d'embouche s'empresseraient de venir acheter des jeunes bœufs et génisses maigres s'ils en trouvaient suffisamment ».

Laissant volontairement de côté l'Espagne, le Portugal, l'Italie, le centre de l'Europe, la Russie, la Turquie d'Asie, etc., je prends en exemple l'exportation des animaux reproducteurs dans le Sud de l'Amérique.

Dans les pays de civilisation récente, les exploitants qui, souvent, sont des émigrants européens, éprouvent le besoin de réaliser avec intensité et rapidité et s'efforcent d'introduire des races bovines donnant immédiatement satisfaction plutôt que de faire la sélection des races locales.

C'est ainsi que le Brésil, l'Uruguay et la République Argentine s'intéressent à la race Limousine.

A ce sujet, voici l'opinion de M. L. Mimois, ex-directeur du service de l'Industrie animale, à Sao-Paulo (Brésil). Dans la *Revue de Zootechnie* de janvier 1922, il disait : « La race Limousine a une grande analogie avec celles qui ont été indubitablement la souche de celles que l'on appelle les races nationales du Brésil.

« C'est elle qui, dans les croisements, donne les résultats les plus rapides et les plus certains. »

PRATIQUE DE L'ELEVAGE DU BOVIN
en Limousin
et Spéculations auxquelles il donne lieu

Pour pouvoir l'étudier rationnellement, je crois nécessaire de faire les divisions suivantes :

L'ÉLEVAGE ET SES SPÉCULATIONS

1° Dans la ferme de concours ;

2° Dans la grande ferme ;

3° Dans la moyenne ferme ;

4° Dans la petite ferme ;

5° Ferme d'engraissement sans élevage.

1° **La Ferme de Concours**

Les fermes de concours sont celles dont j'ai parlé dans le mode d'exploitation ; elles sont sous le régime du faire valoir direct.

Elles appartiennent généralement à de grands amateurs de notre race Limousine qui, je le crois bien, dans leurs exploitations, sacrifient parfois le côté pécunier pour faire connaître notre race et pour l'améliorer.

Evidemment, tout le monde ne peut pas se livrer à pareille entreprise. Il n'en est pas moins vrai que ces hommes existent en Limousin pour le plus grand bien de notre élevage. Car c'est eux qui sont la base de son progrès en fournissant aux autres éleveurs des reproducteurs de grande race.

Les vacheries les plus connues de ce genre sont celles :

1° De M. Grenat, à la Chateline, près Bussière-Galand (Haute-Vienne) ;

2° De M. Deseize, à Bort (Haute-Vienne) ;

3° M. Barny du Romanet et Chauvaud, à Romanet (Haute-Vienne) ;

4° M. Delpeyrou ;

5° M. Veyriras, à Cousseix (Haute-Vienne) ;

6° M. Laplaud, à Cousseix (Haute-Vienne).

Ces vacheries comprennent généralement de 30 à 50 bêtes.

Il y a suffisamment de bœufs pour faire le travail, pour que les vaches ne soient jamais attelées. Nous verrons dans les autres fermes que les vaches travaillent plus ou moins, mais travaillent, ce qui ne peut avoir lieu ici puisque le but visé est d'obtenir des vaches du beau type et toujours en état de concours.

J'ai eu occasion de voir ces différentes vacheries, mais plus en détail celle de M. Grenat. Elle est de création beaucoup plus récente que les autres puisqu'elle n'a pris naissance qu'après guerre ; mais c'est aussi celle qui est le plus en renom actuellement.

Il n'est pas nécessaire de les étudier séparément, puisqu'elles ont toutes à leur base les mêmes principes et le même but, qui est d'obtenir une ou plusieurs vaches de bon type et opérer une sélection sur leurs descendances, de manière à obtenir une vacherie qui ait, d'après le terme consacré, un air de famille, c'est-à-dire dont tous les sujets aient certains caractères communs, qui montrent leur parenté. C'est pour cela que ces étables de concours n'achètent jamais aucune femelle pour la faire entrer dans leur élevage.

Cependant la sélection ne peut se poursuivre ainsi, car on aurait rapidement une consanguinité aux résultats fâcheux.

Il est donc un élément reproducteur que l'on doit choisir en dehors de l'étable : c'est le mâle.

Si l'on peut s'exprimer ainsi, le mâle est un correcteur, c'est-à-dire qu'il devra présenter les qualités correspondantes aux défauts existant chez les vaches.

Si les deux géniteurs se complètent absolument, le produit, au point de vue théorique, devrait être le type parfait après lequel tous les éleveurs tendent. Si chaque fois on ne peut l'obtenir par suite de causes plus ou moins connues, du moins on n'est pas exposé à avoir des ratés, de ces bâtards qui sont des pertes sèches.

ÉTUDE DE L'ÉLEVAGE

Pour suivre l'élevage dans tous ses détails, je me propose de partir du jeune produit et de suivre toute la gamme jusqu'au retour au point de départ.

1° Tous les sujets mâles ou femelles nés de pères et de mères sélectionnés sont élevés. Jusqu'à 6 mois ils n'ont comme nourriture que le lait de leur mère, qu'on leur laisse têter en totalité.

A six mois, on fait une première sélection qui divise les jeunes en trois catégories qui sont :

a) Les sujets d'avenir, qu'on laisse téter encore un mois ou un mois et demi en plus ; ils seront conservés pour faire des sujets de concours et des reproducteurs.

b) Les sujets bons que l'on commencera à sevrer petit à petit à partir de ce jour en introduisant dans leur alimentation, par petite quantité, du foin de toute première qualité, souvent du **regain** (deuxième coupe de nos prairies naturelles), des betteraves finement coupées, mélangées avec du son et des boissons contenant des farines de deuxième passage.

Le sevrage durera environ quinze jours à trois semaines ; à ce moment les jeunes ne téteront plus du tout.

c) Les sujets mauvais ; assez rares dans des étables de concours, ils existent cependant ; ils seront éliminés par la vente, soit à la boucherie, soit à de petits propriétaires qui risqueront **leur** élevage.

Remarque. — Pour le sevrage des sujets de la première catégorie, on opérera le sevrage de la même façon que j'ai indiqué pour les sujets de deuxième catégorie.

Puis, à partir de ce moment, les sujets des deux catégories sont élevés de la même manière jusqu'à l'âge de 15 à 18 mois.

Ration

Hiver : du bon fourrage regain, betterave et son.

Eté : ces animaux ne sortent jamais en pâture le matin à la rosée, ou par les fortes chaleurs, ou les jours de pluie. De plus, ils ne sortent jamais sans recevoir, au préalable, un peu de nourriture à l'étable ; s'il y a lieu, on leur donne un complément à leur rentrée.

Remarque. — Pour les veaux et génisses comme pour tout le reste du cheptel, je me borne à donner les éléments de la ration, mais non les quantités, car en Limousin le principe de l'alimentation qui règne en maître est de donner aux animaux le maximum de nourriture qu'ils peuvent prendre sans jamais tomber dans le gaspillage.

Ceci est facile car, pendant les repas, le « granger » ne quitte pas les couloirs de distribution et ne donne la nourriture que par petites quantités ; généralement, il donne trois fois du foin, puis fait boire ses animaux, redonne une fois du foin et distribue après la ration de racines s'il y a lieu.

2° Vers l'âge de dix à douze mois pour les veaux et dix-huit à vingt mois pour les femelles, a lieu la deuxième sélection. C'est un travail qui ne se fait pas à la légère et qui demande de la part de celui qui l'opère une connaissance complète de la race et, je dirai, un don de prévoyance, car si la sélection porte sur la bête telle qu'elle est au moment précis, il faut aussi que le sélectionneur puisse deviner pour ainsi dire, ce que deviendra et ce que fera cet animal en prenant de l'âge.

« La sélection à la ferme est l'œuvre de l'éleveur, et l'éleveur est bien heureux ; c'est un artiste qui laisse à d'autres le soin de déterminer à quelles lois scientifiques il obéit. Un beau taureau au regard fier, une magnifique génisse féconde, sont des chefs-d'œuvre. Mais à la ferme comme à la foire, l'éleveur ne base pas son jugement sur les méthodes de pointage et de mensuration ; elles l'importunent et il en sourit, il sait que rien ne remplace son œil, son instinct, son habileté. » Voilà ce que M. Laplaud pense du sélectionneur et de son œuvre.

La sélection opérée à cet âge a pour but :

a) Pour les mâles : 1° de déterminer les sujets qui seront présentés dans un concours pour être primés et inscrits au herdbook, puis ils seront vendus à d'autres éleveurs comme taureaux.

2° Ceux qui ne seront pas trouvés impeccables seront bistournés pour faire des bœufs.

Comme on le voit, les mâles, quelle que soit la catégorie où ils auront été classés, quitteront l'étable, sauf quelques-uns de la deuxième catégorie qui resteront comme bœufs pour faire le travail de la ferme.

b) Restent les femelles ; le sélectionneur en fera aussi deux catégories. Cette sélection doit être encore plus rigoureuse que celle des mâles, car c'est du soin plus ou moins grand que l'on apportera à cette opération que dépendra le succès que l'on obtiendra par la suite.

Pendant ce triage, le sélectionneur prend chaque bête et la compare longuement à un type idéal visible pour lui seul. Suivant que la génisse y correspond plus ou moins, il la met de côté soit pour devenir une mère dans son élevage et faire les concours, soit pour être vendue à des particuliers, qui recherchent moins la beauté que l'aptitude au travail.

Je n'entends pas par là que les génisses qui sont repoussées à cette deuxième sélection sont des laiderons, loin de là, quelques-unes sont même de fort belles bêtes, très indiquées pour améliorer une vacherie de ferme ne se livrant pas au concours, car si elles ont quelques petits défauts leur interdisant l'entrée dans la première catégorie, elles n'en sont pas moins le fruit de parents sélectionnés depuis longtemps de générations en générations, et si, plus tard, on sait choisir pour son accouplement un taureau ayant les qualités correspondantes à leurs défauts, on pourra obtenir d'elles de très beaux sujets.

Enfin, de ces deux catégories, une seule nous intéresse, c'est celle des génisses approuvées, puisque les autres vont quitter l'étable.

Dès qu'elles auront atteint entre vingt-cinq et trente mois, on les livrera à la reproduction ; elles pourraient l'être beaucoup plus tôt, mais la sagesse dicte d'attendre l'âge indiqué, car jusqu'à ce moment la génisse est encore en pleine croissance. Si on n'attendait pas la fin de cette période pour la faire saillir, on verrait bientôt la génisse ne plus profiter et parfois même dépérir, car une bonne partie et la meilleure des aliments serait accaparée pour le développement du fœtus.

Or la croissance de la génisse arrêtée dans ces conditions se reprendrait très difficilement après la parturition. On risquerait de faire une vache de petite taille et malingre d'une génisse qui promettait beaucoup ; ce serait lâcher la proie pour l'ombre.

Si à cela on ajoute que la parturition est souvent difficile et dangereuse, autant pour le fœtus que pour la mère quand cette dernière est trop jeune, on comprendra qu'il est préférable de ne pas faire saillir les vaches trop tôt.

Alimentation de la génisse pleine

L'alimentation de la génisse pleine est très soignée. Elle reçoit du très bon foin ; si on a à ce moment des betteraves ou des topinambours, on lui en donne une petite quantité à chaque repas en y mélangeant du son.

Il n'est pas rare de voir la génisse en gestation se constiper ; on y remédie en lui donnant à manger, lorsqu'il est encore tiède, le mélange suivant :

    2 litres d'avoine ;
    2 litres d'orge ;
    1 litre de son ;
    1 poignée de graines de lin ;
  100 grammes de sulfate de soude ;
    3 à 4 litres d'eau bouillante.

Remarque. — Pour la présentation aux concours, les éleveurs sont obligés de faire subir à leurs bêtes ce qu'ils appellent « la mise en état ». Ce n'est autre chose qu'une suralimentation intense, trop souvent funeste à la fécondité des femelles. Aussi s'arrangent-ils à ne présenter aux concours que des femelles suitées ou des femelles pleines auxquelles la suralimentation ne nuit pas, bien au contraire. Tandis que les femelles à l'état de viduité poussées à cet engraissement excessif ne concevraient dans la suite que très difficilement.

2° Dans la grande Ferme

Ce qu'on appelle grande ferme, en Limousin, c'est une ferme de 50 à 60 hectares. Le plus souvent, elles sont soumises au colonage.

L'élevage dans ces métairies, au lieu de chercher à obtenir, comme dans le cas précédent, des animaux d'exposition, cherche à obtenir des animaux du type d'utilité.

Le cheptel, dans ces fermes, comprend généralement deux ou trois paires de bœufs pour faire les gros travaux. Les vaches travaillent aussi, mais dans certaines conditions, c'est-à-dire qu'elles ne sont employées au maximum que la moitié de la journée pour faire des travaux légers. Elles sont plutôt soumises à un travail hygiénique qu'à un travail fatiguant.

L'alimentation du bétail dans ces fermes est simple : l'été, en pâture de 7 heures du matin à 10 h. 30, et le soir, de 4 heures à 8 h. 30. S'il y a lieu, les vaches reçoivent un supplément de nourriture à l'étable sous forme de foin.

L'hiver, les animaux sont nourris à l'étable exclusivement avec du foin. Car on fait trop peu de plantes racines pour pouvoir leur en donner ; on les conserve pour les porcs, comme nous le verrons plus loin.

Les spéculations auxquelles on se livre dans ces métairies sont :

Production du veau de lait,
     —   du veau de barrière,
     —   du bouvillon,
     —   des génisses,
     —   des bœufs.

Dire que dans telle ferme on se livre à telle ou telle spéculation uniquement serait une hérésie.

Il n'y a pas de spéculation régulière. Le choix que l'on a fixé peut être modifié par des causes extérieures, comme les récoltes de foin plus ou moins abondantes, les cours probables, la place que l'on a dans ses étables, etc...

Je me bornerai donc à étudier chacune de ces spéculations, sans les situer dans un cadre précis.

a) **Production du veau de lait**

Une ferme de l'importance de celle dont je parle possède toujours de huit à dix vaches mères, quelquefois plus ; cela dépend de la proportion de prairies comprises dans les cinquante ou soixante hectares.

Sur douze vaches, on peut bien compter obtenir au moins dix veaux. J'ai remarqué, en effet, que nous avions moins de cas de mortalité de jeunes veaux en Limousin que dans les autres régions, notamment dans les vacheries de l'Oise.

Il me semble qu'on pourrait attribuer ceci à notre mode d'élevage ; nous laissons le jeune téter sa mère ; dans beaucoup d'autres régions, on fait boire le veau au seau ; dans ce système, le lait, au moment où le jeune le boit, n'est plus à la température à laquelle il l'aurait pris à la mamelle de sa mère. Mais il est bien évident que notre système n'est pas applicable partout, mais seulement dans le cas où, comme nous, on ne s'occupe pas de la production du lait.

Dans n'importe quelle ferme engraissant les jeunes pour les vendre comme veaux de boucherie, l'éleveur commence par garder les sujets lui paraissant avoir le plus d'avenir pour combler les vides causés dans la vacherie par la réforme.

Si les vaches sont bonnes nourricières et qu'elles ne soient pas nécessaires pour le travail, il y aura avantage à leur faire pousser leur veau jusqu'à trois ou quatre mois. Si l'on tient à vendre le jeune comme veau blanc, on devra lui mettre une musserole pour l'empêcher de manger ; mais dans le cas où le veau serait vendu à six semaines, cette précaution ne sera pas à prendre, le jeune ne cherchant pas encore à manger.

ALIMENTATION

Ces veaux font trois tétées par jour :

1° Le matin, à 5 heures ou 5 heures et demie ;

2° A 11 heures ou midi ;

3° Le soir, à 4 ou 5 heures.

Comme on le voit, ces heures permettent d'employer les mères pour le travail, surtout le matin ; en outre, l'été, on peut mettre les vaches en pâture sans avoir besoin d'y mettre le veau, ce qui serait désastreux pour son engraissement.

Au contraire, les jeunes qui ont été choisis pour le renouvellement du cheptel accompagnent toujours leurs mères en pâture quand le temps le permet. Ils prennent ainsi un exercice très salutaire à leur développement qui ne doit pas se faire en graisse, mais en muscles et en ossature.

De plus, on a remarqué que les jeunes élevés dans ces conditions avaient dans la suite des pieds excellents et une corne très dure, mais non cassante.

Remarque. — Quoique rémunératrice, la spéculation du veau de lait n'est pas la plus avantageuse.

Aussi, il est rare de voir une ferme se livrant uniquement à cette spéculation. Mais faute de place dans les étables ou de nourriture, on ne peut pas non plus conserver tous les produits ; aussi se décide-t-on à livrer à la boucherie ceux qui ont le moins de venue, pour employer l'expression locale, c'est-à-dire ceux qui paraissent vouloir rester petits. L'éleveur, pour fonder son jugement, se base sur la longueur du tendon qui va de la pointe du jarret à la pointe de la fesse. Si ce tendon est long, on a généralement un sujet qui, par la suite, prendra beaucoup de taille ; dans le cas contraire, le produit restera généralement petit. Il vaut mieux l'engraisser pour la boucherie.

Pour le plus grand bien de l'élevage limousin, il est à souhaiter que jamais la spéculation des veaux de lait ne soit la plus avantageuse, car trop d'éleveurs recherchent le bénéfice immédiat et livrent inconsidérément à la boucherie des produits dignes de rester dans l'élevage. Pour se rendre compte de ce mal, il suffisait, l'an dernier, d'aller de temps en temps à la Villette. On était tout étonné de voir les veaux limousins en nombre considérable ; c'est ainsi qu'un nommé R... avait pour lui seul, chaque lundi et chaque jeudi, deux wagons de veaux, parmi lesquels un grand nombre n'aurait pas dû être destiné à la mort.

Par contre, si on cherchait dans la race rivale, la Charolaise, on ne trouvait que peu de veaux gras et vraiment ceux qui étaient là représentaient le déchet d'une première sélection.

Sur le moment, les éleveurs limousins ont un bénéfice que n'ont pas les éleveurs charolais, mais après le revers de la médaille se montre. On a trop fait tuer de jeunes, il faut remplacer la réforme ;

coûte que coûte, il faut des jeunes. On élève tous ceux qui naissent, au risque ainsi d'introduire des non-valeurs dans l'élevage, d'où s'ensuit une série d'à-coups où l'éleveur limousin a vite fait de perdre le bénéfice qu'il avait réalisé avec ses veaux. L'éleveur charolais, au contraire, rentrera à ce moment dans ses fonds, sans qu'aucun à-coup vienne désorganiser son élevage.

b) Veau de barrière

Ce sont des veaux de 8 à 10 mois ; on leur donne le nom de veaux de barrière parce que sur chaque champ de foire on leur réserve un endroit où se trouvent de robustes barrières pour permettre de les attacher.

Le nom de veaux de barrière ne s'applique qu'aux mâles non castrés.

Les veaux mâles déjà bistournés ou les génisses sont généralement conservés à la ferme ; les premiers, pour faire des bœufs et être vendus à deux ans comme bouvillons ou à quatre ans comme bœufs ; les deuxièmes, pour remplacer les vaches réformées.

Les veaux de barrière sont généralement achetés par des maquignons ou brocanteurs, qui les font castrer, les mettent dans des prairies et, six mois ou un an après, les revendent comme bouvillons dans les départements voisins, aux endroits où il se fait peu d'élevage. Mais les brocanteurs n'aiment guère cette spéculation qui immobilise le capital pendant trop longtepms ; ils préfèrent les faire castrer, puis les garder quinze jours ou un mois pour les laisser se remettre et ensuite ils les revendent à des gens qui, n'ayant pas d'élevage, trouveront plus avantageux de faire manger leur foin que de le vendre.

Cet emploi des veaux de barrière est très normal et donne de bons bénéfices à ceux qui s'y adonnent. Mais, ici, je dois indiquer une coutume fâcheuse : trop souvent, les éleveurs qui ont besoin d'un taureau viennent l'acheter parmi ces veaux de barrière. De cet animal ils feront un taureau ; ils achètent les plus beaux, mais encore savent-ils de quels parents viennent ces veaux ? Ils peuvent être des exceptions qui ne reflèteront pas dans leurs produits. C'est ainsi que dans un élevage où l'on rencontrait la quantité mais non la qualité, j'ai vu naître un veau superbe ; sa mère était peut-être la vache la plus laide de l'étable, le père était très quelconque et avec ces vaches il n'avait donné jusqu'ici que des produits médiocres. Le jeune était beau, mais pas de cette beauté fixée par la sélection, qui se transmet à la descendance, mais de cette beauté éphémère que l'on ne rencontrera plus dans les produits. A grand tort du reste, ce veau fut conservé comme taureau ; il ne donna que des veaux médiocres ne sortant pas de la classe de ceux donnés par l'ancien taureau.

L'élément mâle, dans la reproduction, est trop souvent négligé en Limousin.

A un Comice agricole d'une localité limitrophe de la Haute-Vienne et de la Dordogne, M. Bacon, professeur départemental d'agriculture de ce dernier département, disait aux éleveurs, en octobre 1925 :

« Messieurs, ma première impression à mon arrivée dans votre Comice agricole, fut la joie de rencontrer un lot de vaches dignes des concours des grands centres. Je loue l'effort que vous avez accompli dans ce sens. Mais ma surprise fut grande de voir que vous n'aviez à ce concours que deux ou trois taureaux ne correspondant pas du tout à la classe de vos femelles.

« Je vous félicite grandement de vous être procuré à très gros frais des génisses sortant d'étables réputées, mais à quoi bon ces sacrifices si vous les accouplez avec des taureaux inférieurs, etc., etc... »

Remarque. — Je crois la spéculation des veaux de barrière plus avantageuse que celle des veaux gras, car ce n'est pas de l'époque de leur sevrage, à six mois, jusqu'à dix mois, qu'ils ont le temps de faire de gros frais alimentaires ; d'autre part, le veau de barrière est aujourd'hui très recherché et, par conséquent, bien payé.

c) **Bouvillons**

Au lieu de vendre les jeunes mâles comme veaux de barrière, on peut les faire bistourner et les garder pour faire des bouvillons.

En Limousin, les bouvillons sont ceux qui, de toute la population bovine, sont le moins bien traités : de dix mois à vingt mois, ils ne font aucun travail ; l'été, on les envoie en pâture, l'hiver, on leur fait manger le plus mauvais foin.

A vingt mois, on commence à faire le dressage du bouvillon en l'attelant avec un vieux bœuf. On lui fait faire des travaux peu difficiles, non pour le fatiguer, mais pour le plier au joug. A ce moment, on le nourrit mieux, pour deux raisons :

1° Pour ce léger travail ;

2° Parce que, d'ici deux mois, on le conduira à une foire, avec son pareil, pour les vendre.

On rencontre quelques bouvillons très vifs, dont le dressage est assez difficile.

Le principal est de bien les maîtriser dès le début ; pour cela, il faut avoir comme moniteur un vieux bœuf dont on est sûr. Souvent, lorsque le moniteur sent le jeune se défendre, essayer de courir, de sauter, etc., il s'associe à son jeu. Alors le dressage devient impossible et périlleux. Si l'on pensait ne pouvoir tenir le jeune avec un seul moniteur, il vaudrait mieux user du procédé que j'ai vu employer dans un domaine où les jeunes étaient particulièrement capricieux : on avait fait faire un joug à trois tétières et on encadrait le bouvillon de deux vieux bœufs.

Le bouvillon dont le dressage est bien commencé, qui, par conséquent, est prêt à travailler utilement, est peut-être la marchandise qui se vend le mieux. Il ne connaît pas de baisse. La réputation du bœuf Limousin au point de vue travail est assez répandue pour que jamais les jeunes attelages soient à charge à l'éleveur.

d) **Génisses**

C'est surtout la région de Limoges, Saint-Léonard et Nexon qui se sont spécialisés dans la production des génisses.

Elles sont élevées de la même manière que les bouvillons ; on les fait saillir généralement trop souvent avant vingt mois, comme j'ai eu l'occasion de le dire précédemment.

A partir de ce moment, on commence à les soigner. On leur fait même le reproche de trop les soigner, de leur donner un mélange de pommes de terre et de son. Ceci est vrai, surtout pour les génisses venant de la région de Saint-Léonard.

Généralement, les plus belles de ces génisses sont achetées par des éleveurs du Bas-Limousin qui, actuellement, font des efforts louables pour améliorer leurs vacheries.

Ces génisses, très soignées, dépérissent quelque peu en arrivant chez eux, mais elles reprennent assez vite. Déjà, tout l'arrondissement de Saint-Yrieix a vu son cheptel bovin s'améliorer sous l'influence de ces génisses provenant des meilleurs centres de production.

e) **Les bœufs**

Envisagé sous le rapport force tracteur, le bœuf Limousin se place bon premier. Son travail est plus rapide que celui des bœufs des autres races et il soutient son allure aussi longtemps qu'eux.

On lui fait parfois le reproche d'être un peu léger ; ceci provenait de ce que les prairies limousines étant presque entièrement décalcifiées, les jeunes avaient du mal à former leur squelette. Mais depuis que le chaulage est devenu commun, le Limousin produit des bœufs de forte ossature.

Cette infériorité de poids supposée existante, mon avis est que le bœuf Limousin la rattrape et au-delà par son énergie dans le travail.

Les bouveries des grands industriels du Nord étaient autrefois aux trois quarts constituées par de vieux bœufs Limousins qu'ils engraissaient après deux années de travail ; actuellement, on n'y en trouve plus guère.

Quelques-uns se servent de cet argument pour nous faire voir que notre race bovine est en baisse. Il me semble, qu'ils sont loin de la vérité : c'est tout simplement que les éleveurs limousins ont changé de spéculation, et qu'au lieu de vendre de vieux bœufs maigres pour les usines du Nord ou gras pour la boucherie, ils préfèrent vendre des bouvillons, comme je viens de l'expliquer. Les quelques bœufs qu'ils produisent encore sont vendus vers quatre ans dans la Gironde, pour aller travailler les vignes, ou dans l'ouest du Limousin pour être engraissés. L'engraissement à cet âge est beaucoup plus rapide, par conséquent plus rémunérateur, que celui pratiqué sur des bêtes âgées.

En quelques mots, voici l'exposé des principales raisons ayant fait disparaître du Limousin la production des vieux bœufs d'attelage.

Nos jeunes bœufs de trois et quatre ans ne

peuvent pas faire le travail que nos vieux bœufs de six et huit ans faisaient dans les usines du Nord. Aussi, pour leur approvisionnement, les industriels se sont-ils rabattus sur la race Nivernaise-Charolaise, qui produit encore de vieux bœufs.

Le moment de la vente des bœufs Limousins est généralement le mois de septembre. Les récoltes sont rentrées, on a même eu le temps de retaper un peu les bœufs, c'est le moment de les vendre. Les labours et les semailles seront faits avec les bœufs de trois ans qui seront vendus l'année suivante, etc. Les bouvillons et les vaches les aideront du reste.

C'est ainsi que toute vacherie de ferme de 50 à 60 hectares possède, en plus des mères :

Une paire de bœufs de 4 ans,
Une paire de bœufs de 3 ans,
Une paire de bouvillons de 2 ans,
Une paire de veaux de 1 an.

3° **Dans la moyenne Ferme**

En Limousin, on donne le nom de moyenne ferme à une propriété d'une superficie de 30 à 35 hectares. Ce sont du reste les plus nombreuses.

Le cheptel de ces fermes comprend presque toujours :

Un paire de bœufs,
6 ou 8 vaches,
Et les jeunes.

On s'en rend compte immédiatement, dans ce genre d'exploitation, les vaches auront à accomplir un travail plus fort que celles des grandes fermes.

Dans le cas où il y aura une paire de bœufs, on les emploiera pour faire les gros travaux, mais alors ce domaine n'aura que six vaches pour l'élevage et pour faire les autres travaux.

Dans d'autres cas, les propriétaires préfèrent ne pas avoir de bœufs et avoir huit vaches. Ils ont ainsi plus de produits et le travail se fait tout de même.

Ces deux systèmes ont chacun leurs avantages et leurs inconvénients. Si on a une paire de bœufs. le manque de nourriture forcera le propriétaire à n'avoir que six ou huit vaches au maximum, tandis que celui qui n'a pas de bœufs pourra en entretenir deux ou quatre de plus ; son élevage sera donc un peu plus important. Mais les vaches seront soumises à un travail plus fort, elles élèveront moins bien leurs sujets que les vaches entretenues dans les fermes où les gros travaux sont faits par des bœufs.

Nota. — Mais nous ne devons pas oublier que ces propriétés sont exploitées par colonages. Or le métayer a son mot à dire dans le choix de la spéculation. J'ai remarqué que presque toujours il préfère avoir deux vaches en moins et avoir une paire de bœufs. Je le comprends aisément. En effet, avec ses bœufs il accomplira les travaux culturaux avec plus de facilité. De plus, il s'arrangera pour que ses vaches ne mettent pas bas en même temps. Il en aura toujours une paire pour aider les bœufs ;

il aura donc toute facilité pour faire faire ses travaux dans le temps voulu, sans jamais avoir d'à-coups.

Remarque. — Le nombre d'animaux de travail compris dans les cheptels que j'ai indiqués peut paraître faible pour l'étendue des domaines (30 à 35 hectares), mais il n'en est rien, car ces 35 hectares, généralement, se décomposeront comme suit :

8 à 12 hectares de cultures,
4 à 6 hectares de bois,
1 à 3 hectares de landes (bruyères pour litière),
Et le reste en prairies naturelles.

En effet, comme il n'y aura que 8 à 12 hectares au grand maximum à cultiver, les attelages indiqués y parviendront facilement.

SPECULATIONS

Les spéculations ne sont plus du tout les mêmes que dans la grande ferme.

a) Production des veaux de boucherie

Tous les jeunes sont destinés à être engraissés pour la boucherie, sauf, bien entendu, ceux qui sont destinés à renouveler le cheptel, c'est-à-dire une paire de génisses tous les deux ans et une paire de veaux tous les deux ans, ce qui fait que, tous les ans, ils auront à garder deux sujets : une année deux mâles, une année deux femelles ; ce qui permettra de vendre les bœufs à quatre ans et les vaches à dix ans.

Remarque. — Seulement, il peut arriver que l'année où ils devront garder les veaux, il n'y en ait pas deux convenables, ou vice versa, pour les femelles. Dans ce cas, pour éviter les débours, voici comment ils opèrent :

Admettons, par exemple, qu'ils doivent garder deux veaux mâles pour faire des bœufs et qu'ils ne les aient pas ; ils garderont deux femelles, les élèveront et les vendront vers huit, dix ou douze mois, et, avec l'argent de leur vente, achèteront deux veaux de barrière dans une foire pour faire les bœufs dont ils ont besoin. Le cas peut aussi bien se produire pour les génisses. Il peut arriver aussi que les deux bêtes que l'on a conservées, en prenant de l'âge, diffèrent totalement l'une de l'autre et ne permettent pas de faire un attelage convenable. Dans le cas où cela se produirait, on en vend un, celui qui plaît le moins, et, avec l'argent de sa vente, le propriétaire achète en foire un autre animal pour appareiller celui qui reste à la ferme.

Cette question d'appareillage est assez délicate, car il ne suffit pas de trouver un animal allant bien de pair, au moment de l'achat, avec celui que l'on possède déjà, mais il faut que l'acheteur soit ce que l'on appelle un connaisseur, pour pouvoir, en étudiant la conformation du sujet, prévoir si plus tard il aura une taille et une ligne d'ensemble, semblables à celles qu'aura celui avec qui il sera accouplé.

Revenons aux veaux de boucherie. Ceux qui sont destinés à la mort sont à peu près traités comme dans la grande ferme ; c'est-à-dire qu'ils tètent leur mère pendant environ deux mois, et ils seront vendus comme veaux blancs.

Il est rare qu'on les garde plus de deux mois, car leurs mères sont utiles pour le travail.

La race Limousine n'ayant jamais été sélectionnée en vue des qualités laitières, aussitôt le jeune vendu, la vache perd son lait en quelques jours ; elle pourra travailler presque immédiatement.

b) **Vente des bœufs**

En gardant une paire de veaux tous les deux ans, on pourra vendre les bœufs à quatre ans ; c'est ce qui est fait généralement. A cet âge, les débouchés sont nombreux pour eux. Souvent, ils seront dirigés sur les fermes d'engraissement du Haut-Limousin dont je parlerai plus loin.

D'autres seront destinés à aller, comme bœufs d'attelage, dans les régions qui ne produisent pas de bovins. Ce débouché est fort important. Il suffit de regarder la carte de M. Diffloth et on verra que la zone d'expansion de la race forme un immense cercle autour du Limousin ; à ceci vient s'ajouter encore le débouché que nous avons en Gironde avec les viticulteurs, etc., etc.

Il est bien quelques propriétaires qui engraissent leurs bœufs et les vendent directement à la boucherie, mais le cas est assez rare dans le genre de ferme que nous étudions actuellement. Les bâtiments sont à l'ordinaire trop restreints pour permettre de conserver les bœufs plus longtemps. De plus, pour l'engraissement de ces bœufs, le meilleur foin de la ferme serait consommé, ce qui ne manquerait pas de nuire au reste du cheptel. Aussi on peut dire que cette spéculation est presque inexistante, à l'exception cependant des années où la récolte de foin a été extraordinairement abondante.

c) **Vente des vaches réformées**

D'après le mode de renouvellement de l'étable que j'ai indiqué, les vaches pourront être réformées à dix ans. Mais ce n'est pas toujours les plus vieilles qui partent pour faire place aux génisses de deux ans. Il est évident que ce sera celles qui donneront le moins de satisfaction qui partiront. Par contre, quand des vaches sont très bonnes, on les garde jusqu'à douze ou quatorze ans. Ceci est le fait de l'agriculteur, qui agira dans le sens où il verra son intérêt. Supposons donc que son choix ait porté sur deux vaches à réformer, étudions les moyens qui se présenteront à lui pour s'en défaire.

Ils sont au nombre de trois :

a) **Vente des vaches avec leur dernier veau ;**

b) Vente des vaches maigres.

c) Vente des vaches demi-grasses ou grasses.

a) **Vente des vaches avec leur dernier veau**

Ce procédé est très employé. Il y a plusieurs raisons à cela :

1° L'étable se trouve trop au complet du fait que les deux génisses qui ont été gardées pour remplacer la réforme ont mis bas. En vendant les deux vaches réformées avec leur dernier produit, on ramène ainsi le cheptel au nombre de têtes normal.

2° Ce mode de vente est employé aussi parce que les acheteurs en foire seront plus nombreux pour des vaches ainsi encadrées de leurs jeunes. On ne saurait les en blâmer ; en effet, ces jeunes ne sont-ils pas en quelque sorte une garantie de ce qu'est la mère. Un bon veau avantage toujours sa mère. Les acheteurs font parfois un autre calcul, qui repose lui aussi sur des bases bien compréhensibles. Ils préfèrent acheter ce que nous appelons dans le pays « des vaches suitées », car, suivant leur expression, il y a plus d'avenir. Ils comptent ainsi sur les jeunes pour leur faire récupérer dans un temps plus ou moins reculé une partie du prix d'achat des vaches. Ceci n'est point un rêve de Perrette. Or, je l'ai dit, en Limousin, on n'aime pas à débourser de l'argent sans le couvrir. L'achat des vaches suitées présentant les garanties voulues à nos rusés maquignons, celles-ci ont donc toujours cours forcé sur nos marchés.

b) **Vente des vaches maigres**

Mais si le cultivateur tient à garder les produits
des vaches réformées, il lui restera encore deux
débouchés : vendre ces vaches tout de suite après
le sevrage des jeunes comme vaches maigres, ou
alors garder les vaches un peu plus pour les mettre
en chair. Supposons qu'il se décide pour le premier
cas. C'est généralement ce qu'il fait lorsque le
sevrage des jeunes arrive pendant l'été. C'est à
ce moment que les engraisseurs cherchent des
bêtes maigres pour leur première fournée
d'engraissement de l'hiver suivant. Il s'ensuit
fatalement une hausse momentanée sur les bêtes
maigres ; c'est le moment avantageux de les
vendre, le cultivateur n'y manquera pas.

c) **Vente des vaches grasses et demi-grasses**

Si, par contre, les jeunes des vaches que l'on doit
vendre ne sont sevrés que pendant l'hiver, il est
trop tard pour livrer ces dernières aux engraisseurs. Si le cultivateur possède assez de nourriture,
il ne lui restera qu'une chose à faire, engraisser
ses vaches. Pour cela, il cessera de les faire
travailler et il les nourrira un peu plus fortement
en continuant à leur donner tout le foin qu'elles
pourront manger et en complétant la ration par
des topinambours et des pommes de terre. Suivant
qu'il possèdera plus ou moins de tubercules, il les
poussera jusqu'à ce qu'elles soient grasses ou demi-
grasses et, à ce moment-là, il les vendra à la
boucherie.

4° **Dans la petite Ferme**

Ce genre d'exploitation, quoique très important, est très difficilement définissable, car on entend par petite ferme les propriétés dont la contenance varie de 15 hectares à 2 ou 3 hectares, et le cheptel, de trois ou quatre vaches à une seule vache qui travaillera seule, ou accouplée avec un âne.

Le propriétaire cultive généralement la ferme avec l'aide de sa famille. D'autres fois, l'exploitant ne sera pas propriétaire, mais fermier de la terre qu'il cultive. Il est cependant nécessaire que nous étudions ici ce mode d'exploitation.

Influence de la petite propriété sur l'élevage des bovins limousins

Elle peut être qualifiée de néfaste pour les raisons que je vais essayer de développer à la suite.

Si quelques-uns de ces petits propriétaires s'intéressent à l'amélioration de la race, hélas, ils ne sont que l'exception.

Alors que les dirigeants des trois catégories de fermes déjà étudiées ont compris maintenant les efforts à faire et qu'ils se sont mis à la tâche, trop de petits propriétaires sont restés en dehors de ce mouvement.

Leur cheptel est infime, ils usent leurs vaches jusqu'à la fin et n'élèvent une génisse que pour remplacer une vache réformée vers quinze ou dix-sept ans. Que leur importe à eux l'extérieur d'une vache, pourvu qu'elle travaille bien et qu'elle donne tous les ans un veau que l'on vendra à l'âge de deux ou trois mois pour la boucherie ?

Ceux d'entre eux, et ils sont rares, qui entretiennent de belles vaches, le font parce qu'ils sont des connaisseurs et des amateurs, si l'on peut s'exprimer ainsi. C'est donc simplement un point d'amour-propre de leur part.

Car si les dirigeants des trois genres de fermes déjà étudiées ont compris le but de la sélection et la pratiquent dans leurs étables, c'est qu'ils y sont intéressés. En effet, ceux qui produisent des animaux pour les vendre savent que l'écoulement sera plus facile pour de beaux produits que pour des sujets médiocres, alors que les bons ne coûtent pas plus à élever que les mauvais. Il y a donc bénéfice pour eux à sélectionner, c'est ce qu'ils font presque tous.

Mais notre petit propriétaire, qui ne vendra ses bovins (vieilles vaches et jeunes veaux) que pour la boucherie, n'aura guère d'avantages à sélectionner, aussi ne s'y est-il pas intéressé.

Si tous les produits bovins des petites fermes allaient vers la boucherie, le mal ne sera pas bien grand ; seulement, un trop grand nombre sont élevés, vendus, ils passent dans plusieurs mains et, parfois, sont admis dans un élevage où l'on ignore leur origine.

Si les petits propriétaires se bornaient à entretenir des vaches de race Limousine de deuxième ordre, ce ne serait encore rien, mais, souvent, non contents d'obtenir de leurs bêtes du travail et un veau tous les ans, ils veulent encore en obtenir du lait. Or, ceci, la vache Limousine ne peut le fournir car, on le sait, elle a été depuis bien long-temps sélectionnée au point de vue travail et production de la viande, mais toujours au détri-ment de ses facultés laitières, que l'on a négligées jusqu'ici. Donc la vache Limousine ne pouvant satisfaire à leurs exigences, nos petits proprié-taires l'abandonnent pour se tourner vers une autre race qui remplira mieux les conditions (toutes particulières du reste) qu'ils lui imposent; presque toujours ce sera la race Parthenaise qu'ils choisiront.

Ces bêtes, entretenues dans le pays, sont cou-vertes par nos taureaux et, trop souvent, leurs produits échapperont à la boucherie et iront souiller par leur sang mêlé, une étable de race pure.

On peut dire : on voit bien à l'achat de la bête si elle est de race pure. J'en conviens : quelque-fois le produit a les muqueuses noires ou d'autres caractères qui, venant de la mère, permettront de le reconnaître et de l'évincer de tout élevage. Mais le produit ne possède pas toujours ces caractères qui le font reconnaître. Souvent l'extérieur est tout du Limousin et les caractères ne réapparaî-tront que dans sa descendance, mais alors il y aura bien du mal de fait.

Je suis bien obligé de conclure que la petite propriété est, en Limousin, quelquefois une entrave aux progrès de notre race Limousine bovine. Mais je précise bien que si j'émets cet avis, ce n'est que dans le cas très particulier dans lequel je me suis placé (influence de la petite propriété sur l'élevage du bovin Limousin).

Ce n'est donc en rien un réquisitoire contre la petite propriété qui, au contraire, en Limousin, joue un rôle social très considérable.

5° **Ferme d'engraissement**

La ferme d'engraissement est, je dirai, presque la spécialité du Haut-Limousin. J'ai indiqué, en effet, que dans les autres catégories de fermes, on se livrait peu à l'engraissement, car on y possède peu de légumes racines ou de tubercules qui, seuls, sont capables de donner un engraissement rémunérateur.

Dans le Haut-Limousin, il n'en est pas de même, le terrain se prête très bien à la culture des plantes-racines et des tubercules. Aussi les cultive-t-on sur une assez grande échelle.

Mais si un peu toutes les fermes se livrent à l'engraissement dans le Haut-Limousin, c'est surtout les fermes de 40 à 60 hectares qui en ont fait leur spéculation principale. Ce qui, dans le Bas-Limousin, frappe l'étranger qui visite les fermes, c'est de constater le grand nombre de bovins entretenus, si l'on considère la petite étendue de chaque ferme. Le coup d'œil, dans le Haut-Limousin, est bien différent. Là, on s'aperçoit que les fermes n'entretiennent qu'un nombre restreint d'animaux. C'est à peine si l'on se livre à l'élevage. Des bœufs pour le travail et quelques vaches forment tout le cheptel. Ce n'est pas cependant la nourriture qui manque, bien au contraire, mais on la conserve pour l'engraissement.

Pour étudier rationnellement l'engraissement, il convient de faire deux divisions :

1° Le cas où il n'y aura qu'une fournée d'engraissement ;

2° Le cas où il y aura deux fournées d'engraissement.

1° Un seul lot d'engraissement

Dans ce cas, le propriétaire achète, en juillet-août, sur les nombreuses foires du Bas-Limousin une certaine quantité d'animaux maigres. Il achète indistinctement vaches ou bœufs. S'il a, en plus, quelques bêtes de son élevage à engraisser, il faudra les joindre au lot que l'on mettra immédiatement dans les prairies naturelles sur les regains. A cette saison, les journées étant très chaudes, les animaux sont mis dehors de 5 heures du soir jusqu'au lendemain matin à 9 heures. A ce moment, ils sont rentrés à l'étable pour passer la journée où, bien entendu, il ne leur est donné aucune sorte de nourriture, car dans noś prés limousins les regains sont abondants et très nourrissants. Les bêtes à l'engrais restent sur les regains jusqu'à fin octobre, mais comme à cette époque la température a considérablement baissé, on change les heures de mises au pacage vers le 15 septembre. On les y mettra alors de 7 heures du matin jusqu'à 5 ou 6 heures du soir, et on les rentrera à l'étable pour la nuit.

Fin octobre, les animaux, ayant cessé tout travail et trouvant une nourriture abondante dans les prairies, seront déjà bien en chair ; c'est le moment que l'on choisit pour commencer l'engraissement à la crèche.

Ils sont donc rentrés et, cette fois, ne sortiront qu'en février-mars, lorsqu'ils seront gras, pour être vendus à la boucherie.

RATION D'ENGRAISSEMENT

Foin (à discrétion),

En mélange et crus :

    20 kgs topinambours,
    20 kgs raves ou betteraves,
    3 à 4 litres de son,
    1 kg. tourteau de colza.
    Eau chaude.

1re Remarque. — Cette ration est répartie en deux repas par jour. Je dois faire remarquer qu'au début de l'engraissement on ne donne pas une ration aussi forte, surtout en topinambours, car ce tubercule, donné en trop grande quantité les premiers temps, pourrait causer la météorisation. On augmente peu à peu la ration, de manière à avoir, au bout de un mois et demi environ, la ration indiquée ici.

En février-mars, les bêtes seront alors en état d'être livrées à la boucherie ; elles partiront sur les grands marchés : Lyon, La Villette, d'où quelques-unes repartiront pour être consommées dans les villes du Nord, etc.

2ᵉ Remarque. — S'il reste encore des aliments dans la ferme, on les fera consommer à des veaux de quinze à dix-sept mois et à des génisses de vingt à vingt-deux mois, qui sont prêts pour la boucherie vers le mois de mai. A ce moment, ils trouveront un débouché facile sur le marché de Lyon, car les chaleurs commencent à se faire sentir, on demande des viandes moins fortes que celles des bovins adultes, la viande de ces derniers se conservant moins bien.

De plus en plus, en Limousin, on se tourne vers l'engraissement des jeunes bêtes, car les cours des animaux gras sont souvent sujet à des baisses inattendues. En engraissant de jeunes sujets, on aura toujours un autre débouché en cas de baisse, c'est celui de l'élevage ; l'engraissement des vieux bovins ne laisse pas de recours.

2° **Deux lots d'engraissement**

Dans ce cas, le propriétaire achète en juillet, dans les mêmes conditions que précédemment, des animaux maigres tout venant : vaches, bœufs, des châtrons ou des génisses.

On met les bêtes dans les prairies sur les regains, comme nous l'avons vu faire dans l'autre ferme. Tous les animaux sont aussi rentrés à l'étable, en octobre, mais alors on fait deux catégories :

1° Les sujets âgés ;

2° Les jeunes.

1° Les sujets âgés sont mis immédiatement à l'engraissement et on les poussera le plus vite possible, de manière qu'ils soient vendables en décembre.

RATION

50 à 60 kgs de ce mélange :
   Foin à discrétion,
   Déchets de pommes de terre,
   Rutabaga,
   Raves,
   3 à 4 litres de son, plus, en fin d'engraissement,
      quelque peu de betteraves.

2° Pendant que l'on engraisse les vieux bovins, les jeunes sont, eux aussi, mis à la crèche ; mais ils ne reçoivent pas la ration d'engraissement, ils sont nourris au foin jusqu'au moment où les animaux du premier engraissement seront vendus, c'est-à-dire fin décembre.

Alors ils sont à leur tour mis à l'engraissement jusqu'en avril-mai. Comme on le voit, la période d'engraissement est relativement longue, aussi on les nourrit rationnellement, de manière à ce qu'ils soient bons au moment où les marchés de Lyon offrent un bon débouché.

RATION

30 à 35 kgs du mélange :
   Foin à discrétion,
   Déchets de pommes de terre,
   Topinambours,
   Betteraves,
   2 à 3 litres de son.

CAUSES QUI INFLUENT

sur l'amélioration des Bovins limousins

Dans ce qui précède j'ai déjà, en plusieurs occasions, parlé des progrès qu'avait accompli la race bovine Limousine depuis un ou deux siècles et surtout ces dernières années. Dans le paragraphe « Effectifs », j'ai même donné des chiffres comparatifs tirés de diverses statistiques, pour montrer la marche perpétuellement ascendante de ce progrès.

Ce progrès existant, il convient ici d'étudier où il prend sa source, en un mot quelles sont ses principales causes :

Je crois que pour les étudier normalement il serait bon de les diviser en deux catégories :

1° Amélioration du régime alimentaire de nos bovins ;

2° Diverses institutions stimulant et aidant les efforts des éleveurs.

I. — **Améliorations**
du régime alimentaire des bovins

Dans les diverses rations que j'ai mentionnées, il est une chose à retenir, c'est qu'en Limousin la base de l'alimentation des bovins est formée presque exclusivement par :

a) Le foin provenant de nos prairies naturelles ;

b) Par l'herbe pacagée, pendant la belle saison, par les bovins, sur les mêmes prairies naturelles.

Nous avons même vu que, pour certaines catégories de bovins, ces deux choses forment l'alimentation tout entière sans l'apport d'aucun autre aliment.

De ce fait, on comprend le rôle très important qui est joué par nos prairies naturelles.

Les prairies limousines possèdent actuellement une renommée et je crois qu'elles la méritent ; mais cette renommée n'existe que depuis peu, parce que les prairies n'ont pas toujours été ce qu'elles sont maintenant, trop souvent autrefois :

a) Le choix minutieux et raisonné des graines utilisées à la création de ces prairies était laissé de côté ;

b) Le sol limousin manquait de chaux ; or un terrain acide ne peut produire que des herbes elles-mêmes acides, avec lesquelles un animal forme difficilement son squelette.

Les prairies ne recevaient autrefois aucune sorte d'engrais ; or, l'herbe fauchée ou celle pâturée par les animaux exportaient continuellement des éléments fertilisants de nos prairies sans que jamais on y en ramène sous la forme d'engrais.

c) Nous possédons dans nos prairies beaucoup d'eaux vives. Autrefois, on ne se donnait la peine ni d'établir un système d'irrigation, ni un système de drainage. Il résulte de ceci que certaines parties étaient arides et presque sans végétation, d'autres étaient transformées en marécages où seul le jonc pouvait pousser.

Remarque. — Ces diverses anomalies faisaient classer nos prairies en deuxième ou troisième qualité. Pour les amener à ce qu'elles sont aujourd'hui, il a fallu remédier aux faits que je viens de citer ; nous allons voir comment.

a) **Choix des graines**

Le choix des graines à employer pour la création d'une prairie naturelle doit être subordonné à la composition chimique et physique du sol auquel on pense les confier.

Dans les généralités de ce travail, au paragraphe Géologie, j'ai indiqué la constitution générale du sol limousin. Mais telle ou telle petite parcelle de terrain peut être une exception dont je ne pouvais m'occuper dans la géologie générale.

Aussi, je vais établir trois catégories. Pour chacune d'elles, je vais donner une formule de semence, avec le coût à l'hectare :

1° En terre franche ;

2° En terrain humide ;

3° En sol sec (très rare).

1° EN TERRE FRANCHE

1° Dactyle pelotonné ..	8 kgs	à	6,70	=	53 fr.	60
2° Fétuque des prés....	3 »	à	6,75	=	20 fr.	25
3° Fléole	2 »	à	6, »	—	12 fr.	»
4° Fromental	2 »	à	12, »	=	24 fr.	»
5° Pâturin des prés....	4 »	à	16,50	=	66 fr.	»
6° Ray-grass anglais...	12 »	à	4,50	=	54 fr.	»
7° Minette ou lupuline.	2 »	à	4,20	=	8 fr.	40
8° Trèfle violet........	2 »	à	6, »	=	12 fr.	»
9° Trèfle blanc........	2 »	à	19,80	=	39 fr.	60
10° Trèfle hybride......	2 »	à	10, »	=	20 fr.	»

39 kgs — 309 fr. 85

2° EN TERRAIN HUMIDE

où le trèfle violet ne pousse que difficilement :

1° Dactyle pelotonné...	4 kgs	à	6,70	=	26 fr.	80
2° Fétuque des prés....	2,500	à	6,75	=	16 fr.	90
3° Fléole	2 kgs	à	6, »	=	12 fr.	»
4° Pâturin des prés....	4 »	à	16,50	=	66 fr.	»
5° Ray-grass anglais...	12 »	à	4,50	=	54 fr.	»
6° Vulpin des prés.....	4 »	à	16,75	=	67 fr.	»
7° Lotier velu	1 »	à	35, »	=	35 fr.	»
8° Trèfle blanc........	2 »	à	19,80	=	39 fr.	60
9° Trèfle hybride.......	2 »	à	10, »	=	20 fr.	»

35,500 — 337 fr. 85

3° EN SOL SEC

1° Dactyle pelotonné...	5 kgs	à	6,70	=	33	fr.	55
2° Brome des prés.....	3 »	à	5,50	=	16	fr.	50
3° Avoine jaunâtre.....	5 »	à	15,50	=	77	fr.	50
4° Fromental	3 »	à	12, »	=	36	fr.	»
5° Pâturin commun....	5 »	à	16,50	=	82	fr.	50
6° Ray-grass anglais...	8 »	à	4,50	=	36	fr.	»
7° Trèfle blanc.........	2 »	à	9,80	=	19	fr.	60
8° Trèfle ordinaire.....	2 »	à	6, »	=	12	fr.	»
9° Minette	4 »	à	4,20	=	16	fr.	80
10° Luzerne	2 »	à	7, »	=	14	fr.	»
11° Sainfoin	10 »	à	2,50	=	25	fr.	»
	49 kgs				369	fr.	40

Des trois cas indiqués, c'est évidemment dans le dernier, en sols secs, qu'il est le moins avantageux de créer des prairies, car elles ne seront jamais de la qualité de celles que l'on créera dans les deux autres cas.

Or, le Limousin possédant suffisamment de terres fraîches, ou de terres humides, pour porter les prairies naturelles, on ne fera que rarement des prairies permanentes dans les sols secs. Mais parfois on y fera des prairies temporaires à base de luzerne, de minette et de sainfoin.

Remarque. — Dans les trois formules données, deux choses peuvent sembler anormales :

1° L'omission dans la liste de certaines plantes généralement employées dans la création de prairies permanentes ;

2° Le prix de revient à l'hectare, qui semble faible.

L'omission de certaines plantes comme :

la houque laineuse,
la flouve odorante,
la crételle, etc...,

est voulue, car ces plantes se trouvent en grande quantité à l'état naturel dans notre sol limousin. Il est donc parfaitement inutile d'en introduire davantage.

De ce fait, le prix de revient à l'hectare se trouve diminué du prix que l'on aurait dû mettre pour acheter ces graines. Le surplus de frais ramènerait donc le prix de revient à l'hectare au taux moyen, c'est-à-dire 450 francs.

b) **Emploi des engrais et chaulage du sol**

Le sol limousin a été formé par la décomposition des granits et des schistes. La terre ainsi produite manque de beaucoup de chaux et d'anhydride phosphorique. Le terrain manquant de ces éléments ne pouvait donc en fournir aux fourrages. Ceci explique parfaitement le fait que jusqu'à l'époque où l'on s'est mis à chauler les prairies et à y mettre les engrais nécessaires et convenables, la race limousine est restée petite. Le squelette avait des proportions réduites ; c'est ainsi que M. Texier Olivier, dans sa statistique de 1808, indique comme poids moyens des bœufs gras Limousins, 350 kgs. Que l'on compare aujourd'hui le poids moyen de nos bœufs gras, qui est de 850 à 950 kgs, et l'on comprendra les avantages du chaulage des prairies et de l'emploi des engrais.

ÉTUDE POUR L'EMPLOI RATIONNEL DES ENGRAIS

Que retire-t-on ordinairement d'un hectare de prairie en Limousin ?

1° En juillet, une récolte de 5.000 kgs de foin sec;

2° On met à l'hectare une bête adulte en **pacage** du 15 juillet au 1ᵉʳ novembre.

L'herbe récoltée sous forme de foin et celle consommée par la vache, représentent un **capital** de matières fertilisantes qui est retiré du sol. Nous devons l'y introduire sous forme d'engrais, mais pour faire ceci rationnellement, nous devons connaître les éléments exportés.

1° La récolte de 5.000 kgs de foin exporte par hectare :

Az.	93 kgs
P^2O^5	25 »
K^2O	110 » 5
CaO	62 »

2° L'herbe pâturée par la vache.

Le calcul est plus délicat. Nous devons défalquer les déjections que la vache laisse sur le sol ; enfin, je crois normal d'évaluer la quantité des éléments fertilisants enlevés par le pacage comme il suit. Nous aurons donc, approximativement, à l'hectare:

Az.	4 kgs
P^2O^2	7 »
K^1O	3 »
CaO	7 »

Ce qui fait, au total et à l'hectare, comme éléments exportés :

$$
\begin{aligned}
&\text{Az.} \ldots\ldots\ldots\ldots\quad 93 \ + 4 = \ 97 \text{ kgs}\\
&\text{P}^2\text{O}^5 \ldots\ldots\ldots\ldots\quad 25 \ + 7 = \ 32 \quad »\\
&\text{K}^2\text{O} \ldots\ldots\ldots\ldots\quad 110,5 + 3 = 113 \quad » \ \ 5\\
&\text{CaO} \ldots\ldots\ldots\ldots\quad 62 \ + 7 = \ 69 \quad »
\end{aligned}
$$

Nous allons prendre chacun de ces éléments et examiner la manière dont nous pouvons les rendre au sol.

1° *Azote*

La quantité d'azote enlevée annuellement est faible : 20 kgs seulement. En outre, nous pouvons considérer que la prairie possède une réserve d'azote, et ceci pour deux raisons :

a) Parce que dans le mélange des **graines** employées à la création de la prairie, nous avons eu soin de mettre toujours une certaine proportion de légumineuses qui fixeront de l'azote atmosphérique ;

b) Parce qu'une prairie possède de nombreux débris organiques très riches en azote.

Néanmoins, s'il convient de rendre un peu d'azote, on pourra le faire en répandant un peu de purin ; mais ceci se fait très peu en Limousin, car les fermes qui possèdent des fumières maçonnées pouvant retenir le purin sont rares.

Ordinairement, le purin s'écoule des étables et des tas de fumier vers le point le plus bas de la cour. A cet endroit, les agriculteurs limousins déposent leurs menues pailles qui absorbent le purin et, lorsqu'ils jugent que le tout est assez macéré, ils le conduisent sur les prairies.

Ce mélange donne un assez bon engrais azoté pour qu'il devienne inutile de recourir aux engrais chimiques pour rendre l'azote enlevé au sol.

2° *L'anhydride phosphorique*

J'ai évalué la quantité enlevée à 35 kgs ; il faut donc étudier comment on peut les rendre au sol.

Trois engrais peuvent nous fournir cette matière ; ce sont : les scories, le superphosphate et les phosphates naturels. Trop souvent, les agriculteurs limousins emploient le superphosphate. Cet engrais contient toujours une certaine quantité d'acide sulfurique en liberté, qui provient de l'excès d'acide dans la transformation des phosphates naturels en superphosphates ; cet acide sulfurique va se livrer à une action décalcifiante dans le sol ; or, le sol limousin manquant déjà de chaux, il est donc nuisible d'employer du superphosphate.

Les scories de déphosphoration, au contraire, fournissent en plus de l'anhydride phosphorique envisagé, une certaine quantité de chaux, très notable (30 à 35 % environ).

Les phosphates naturels seraient aussi très bons, notamment la craie phosphatée. Leur prix d'achat est relativement très minime, mais il faut remarquer que le prix du transport par sac, du lieu d'extraction (Yonne) en Limousin, serait plus élevé que le prix d'achat du phosphate lui-même. C'est pour cela que les phosphates naturels sont peu employés en Limousin.

Je crois que c'est dans les scories de déphosphoration, présentant le plus d'avantages, qu'il est préférable de fixer son choix. Leur emploi se généralise de plus en plus dans la région.

Certains agriculteurs mettent, tous les deux ans, de 200 à 300 kgs de scories par hectare dans leurs prairies. Je crois que c'est la meilleure manière de rendre au sol la quantité d'anhydride phosphorique enlevée.

3° *La potasse*

La potasse n'est que très rarement restituée au sol dans les prairies limousines. On pourrait le faire en répandant, tous les deux ans, 100 kgs de chlorure de potassium ou 250 kgs de sylvinite.

On ne le fait presque jamais ; à cela, il y a une ombre d'excuse : c'est que le sol, produit par la décomposition du granit et des schistes, contient d'assez grosses réserves de potasse ; mais ces réserves ne sont pas constituées uniquement par de la potasse directement assimilable ; il est donc des cas où il faudrait ajouter de la potasse sous les formes indiquées, quoique l'analyse de la terre annonce une proportion suffisante de cette matière. Si elle est en quantité suffisante, mais non assimilable, un chaulage la rendra directement utilisable.

4° *La chaux*

Nous l'avons vu, c'est en général la matière fertilisante qui manque le plus aux terres limousines.

Depuis une vingtaine d'années, on s'emploie fort utilement à en introduire. Le plus généralement, les agriculteurs achètent de la chaux vive, ils la font éteindre et la répandent sur les prairies, soit seule, soit en mélange avec des composts ou avec des terreaux.

Je ne peux guère indiquer ici la quantité à employer. Cette quantité varie beaucoup suivant les besoins de la terre et suivant la teneur du produit employé.

c) Irrigation et drainage

IRRIGATION

La nature accidentée du pays ne permet que très rarement l'irrigation par dérivation des cours d'eau. Nos excellentes prairies, qui s'élèvent dans les déclivités du terrain jusqu'au sommet de nos collines, ne doivent leur fertilité qu'à l'humidité naturelle du sous-sol et aux petites sources éparses. Les eaux pluviales qui ont lavé les chemins sont aussi très avantageusement dirigées sur les prairies du Limousin. On pratique l'irrigation de deux manières :

1° Par submersion ;

2° Par infiltration.

1° *Par submersion*

Ce mode est surtout employé quand l'on dispose de peu d'eau pour arroser une grande étendue de prairie, ou s'il s'agit d'arroser les pentes qui ne retiennent pas l'eau.

Dans ces cas, on dispose deux ou trois rigoles d'assez grandes dimensions, qui amènent l'eau dans une sorte de réservoir appelé pêcherie.

La chaussée de la pêcherie présente une bonde qui permet au cultivateur d'ouvrir ou de fermer les pêcheries.

A sa sortie de la pêcherie, l'eau sera répartie sur le terrain à arroser par un système de rigoles en éventail.

2° *Par infiltration*

Cette irrigation s'opère au moyen de rigoles très peu profondes. On emploie surtout ce système quand l'eau dont on dispose est fournie par plusieurs sources situées à des hauteurs différentes et que la prairie est en pente douce.

Tous les six à huit mètres, on doit établir une rigole qui conduira l'eau d'une source sur tous les points, en suivant les moindres sinuosités du terrain.

L'effet produit par ce mode d'irrigation est peut-être plus sensible et plus durable que celui donné par le mode précédent.

Assez souvent, on voit dans la même prairie ces deux modes d'irrigations conjugués : on arrive à obtenir ainsi d'excellents résultats.

Remarque. — Cette facilité d'irrigation est une des causes principales de la renommée de nos prairies, car l'eau ainsi utilisée fournit deux choses :

a) Elle entretient une fraîcheur perpétuelle au sol même pendant les mois les plus chauds de l'année. Dans ces conditions, l'herbe est toujours abondante et suffisamment aqueuse.

b) De plus, cette eau employée pour l'irrigation contient des matières fertilisantes dont la production herbeuse tirera un excellent parti.

DRAINAGE

Nous avons vu dans ce qui précède les bienfaits que procure l'irrigation aux prairies par l'humidité qu'elle entretient dans le sol. Mais un excès d'humidité est nuisible, car il empêche la végétation de presque toutes les plantes indiquées dans les tableaux qui précèdent, et ceci au grand avantage des joncs, des laiches, de l'oseille sauvage, etc., toutes plantes qui fournissent un fourrage de qualité très médiocre.

Or, en Limousin, en raison de la grande quantité d'eau renfermée dans le sol et dans le sous-sol, les points de la pâture qui seront en infériorité de niveau avec les autres points de la prairie serviront de dépotoir à toute l'eau en excès, et seront ainsi transformés en marais.

Il s'agit, par le drainage, de les assainir, pour qu'à nouveau ils puissent porter les graminées et les légumineuses qui fourniront un bon fourrage.

On emploie, en Limousin, trois méthodes de drainage.

1° *Drain à ciel ouvert*

Ce n'est pas autre chose qu'une rigole très profonde ouverte dans le sens de la plus grande pente. Ce mode est peu employé, car il présente de grands dangers pour les animaux que l'on met sur des pâtures ainsi drainées. En effet, ceux-ci pourraient tomber dans les drains et se fracturer un membre.

2° *Drain avec tuyaux*

Ce procédé consiste à ouvrir une tranchée, comme si l'on voulait établir un drainage à ciel ouvert, puis, dans le fond de la tranchée, on dispose un drain en terre cuite qui sera chargé de conduire l'eau de l'endroit où elle est en excès à un point déterminé où elle ne sera pas nuisible. Puis on recomble la tranchée sur le drain et l'on supprime ainsi la cause d'accident.

Cependant, ce mode est peu employé, car les drains en terre cuite se cassent facilement, puis ils sont obstrués par la terre ou par les racines qui, ayant pénétré dans le tuyau, s'y développent en « queues de renard » et obstruent absolument le passage de l'eau.

3° *En maçonnerie*

C'est le mode le plus employé par les agriculteurs limousins. Pour l'installer, on fait ouvrir, comme dans les cas précédents, une tranchée dans laquelle on dispose des pierres, de telle sorte qu'on laisse un passage pour l'eau. Sur cette sorte de gouttière que l'on vient de former, on accumule des pierres jusqu'à mi-hauteur de la tranchée, le reste est comblé par de la terre.

Conclusion

Par l'énumération des soins donnés aux prairies par les agriculteurs limousins, on se rend tout de suite compte qu'ils avaient à leur portée une source de richesse : les prairies ; mais ils en étaient séparés par certains obstacles. Grâce aux travaux que j'ai indiqués, ils ont vaincu ces difficultés et, maintenant, leurs sacrifices sont largement compensés par les bénéfices qu'ils retirent de leurs magnifiques prairies.

Ce qui justifie pleinement une phrase de ma conclusion du premier chapitre, où je parlais de l'œuvre de l'agriculteur limousin :

« Là où seule l'herbe poussait, il a tout fait pour qu'elle pousse abondante. »

II. — Diverses institutions stimulant et aidant les éleveurs dans leurs efforts

Les agriculteurs limousins travaillent à faire progresser la race bovine Limousine parce qu'ils savent qu'ils y ont intérêt, qu'ils retireront de ce progrès un avantage précieux.

J'ai développé cette idée dans l'étude des spéculations.

Mais, pour les guider et les stimuler, on a créé :

a) Le Herd-Book ;

b) Les Syndicats agricoles.

a) **Le Herd Book**

Le Herd-Book limousin fut créé en 1886 sous les auspices de M. Reclus, alors professeur départemental d'agriculture pour la Haute-Vienne.

A la suite d'un rapport présenté par lui à la Société d'agriculture et au Conseil général, une commission composée de douze membres nommés par le préfet, approuva un règlement précis et l'appliqua, par suite, de 1887 à 1914, aussi rigoureusement que le permettaient les moyens limités mis à sa disposition.

Pendant la durée de la guerre, il ne fut plus question du Herd-Book.

En 1922, il fut remis sur pied, après quelques remaniements qui s'imposaient. Il devait sa deuxième naissance à l'Office agricole. départemental, aidé par l'office régional du Centre et par la Fédération des Syndicat d'Elevage de la Haute-Vienne.

Le Herd-Book a pour but d'assurer le maintien de la pureté de la race bovine Limousine et de contribuer, par une sélection intelligente et continue, à son amélioration. Il a en outre pour objet d'aider à la propagation de la race et à la vente des reproducteurs.

b) **Syndicats agricoles**

Dans le Limousin, sous les directives de certains éleveurs, des syndicats se sont fondés de-ci de-là. Actuellement, chaque canton en possède au moins un, parfois deux.

Ces syndicats ont plusieurs buts que je ne citerai pas ici. Je n'en mentionnerai qu'un, qui a pour objet de provoquer de l'émulation parmi les éleveurs : ce sont les concours.

Tous les ans, sous le nom de Comice, chaque syndicat agricole organise un concours, dont les bovins forment le principal lot.

Ces concours créent entre les éleveurs une rivalité, toujours très loyale, qui se traduit invariablement par un nouveau pas dans la voie de l'amélioration de la race.

C'est en plus une occasion pour le professeur départemental d'agriculture de prodiguer ses conseils et ses encouragements aux masses rurales réunies le jour du Comice.

Les dirigeants des syndicats ont donné à leur Comice tout l'apparat possible pour prendre les éleveurs par l'amour-propre et par un léger sentiment d'orgueil très légitime du reste.

Le but proposé est, je crois, parfaitement atteint, car ayant l'occasion de suivre régulièrement quelques-uns de ces Comices, j'ai constaté que tous les ans la classe des animaux présentés est supérieure à la précédente.

CHAPITRE III

LES PORCINS LIMOUSINS

Historique de la race

La race porcine Limousine existe déjà depuis de longs siècles. Elle possède ses caractères particuliers, qui la tranchent nettement des races voisines ou étrangères.

Le professeur Sanson, dans ses ouvrages, fait dériver la race Limousine du croisement de l'ancienne race Hibérique avec la race Celtique, et il lui donne comme caractères spéciaux : « les oreilles étroites, allongées, dirigées en avant, au-dessous de l'horizontale ; avec un pelage pie-noir ».

Heuzé la fait dériver de la race Périgourdine, « dont la robe est gris noir, avec des taches blanches sur les épaules et sur les hanches, et une bande noire autour du corps ».

Il ajoute : « La Périgourdine n'est cependant jamais noire comme cela se rencontre dans la Limousine ».

Les ressemblances des porcs Limousins avec ceux des Pays Basques font croire, à première vue, à leur origine Hibérique. Quelle que soit son origine, il est certain que la race Limousine existe avec une individualité bien marquée, par des signes permanents, constatés depuis des siècles.

Ces signes, conservés par la tradition, ont été transmis à la génération contemporaine par les **vieux éleveurs**.

Je vais m'appliquer à en donner une énumération aussi exacte que possible, d'après les renseignements qu'ont bien voulu me donner quelques-uns des éleveurs les plus en renom.

Description de la race

ASPECT

Tel qu'on l'a toujours observé et tel qu'on le voit aujourd'hui, le porc Limousin est un **animal** de taille moyenne, aux formes trapues, rustiques, vigoureuses, bien acclimaté, qui engraisse vite et qui fournit une viande succulente et un **lard** incomparable.

Ce porc a les extrémités des membres très fines. Son corps est gros et court. Bien campé sur des jambes minces et nerveuses terminées par des sabots durs, qui le portent facilement sans qu'il ait besoin d'appuyer le talon, même dans le **cas** d'un engraissement déjà avancé. Les cuisses, bien musclées, tombent presque sur le jarret.

La tête est mince, conique, à chanfrein **droit** ; le groin est légèrement allongé ; les oreilles **sont** de longueur moyenne, plutôt courtes, étroites, **très** écartées sur le front. Enfin, elles sont couvertes de poils fins et **clairsemés**.

Le cou est court, gros et bien attaché aux épaules, avec lesquelles il se confond.

La poitrine est profonde et largement développée par des côtes longues et très relevées ; le rein est large et un peu arqué chez les jeunes animaux, mais il s'abaisse vite au cours de l'engraissement et devient très droit. La croupe est défilée et terminée par une queue mince, très mobile et tordue en vrille.

PELAGE

Par son pelage, il appartient aux races pienoires. Le type absolument pur doit avoir le tronc blanc ; les deux extrémités, la tête et la croupe, noires.

Les soies sont fines, courtes, peu épaisses, couchées sur la peau, sans frisures ni pelotonnements. Les unes sont d'un blanc brillant ou d'un blanc ambré, les autres d'une couleur noir bleuté. Elles sont régulièrement disséminées sur le corps, sauf sur le ventre et les assises, où elles sont plus clairsemées.

ÉCUSSONS

Les deux grandes plaques noires qui recouvrent la tête et la croupe prennent le nom d'écussons et varient quant à leur étendue.

La première prend naissance sur le groin, se continue en couvrant la tête jusqu'à la nuque, sans laisser de liste, ni d'étoiles, ni même de points blancs appelés ladres. Quelquefois le pourtour

P. M.							7

des narines est auréolé de blanc rosé qui continue la muqueuse. Quant à l'autre plaque, elle couvre la croupe, de l'attache du rein jusqu'à l'extrémité de la queue, formant une calotte sphérique descendant plus ou moins sur les cuisses.

Ces écussons sont d'une teinte uniforme, nettement circonscrites par une ligne régulièrement courbe. Chaque plaque est délimitée par une zone grise. Le centre des écussons est de peau noire sans poils blancs. La zone grise est à peau noire avec poils blancs, et le reste est à peau blanche sous poils noirs.

Ces deux écussons caractéristiques de la race Limousine se développent irrégulièrement, mais chez les sujets de race pure, ils sont à bord nettement tranchés et arrondis, colorés uniformément en noir, sans aucun mélange de poils blancs.

Le plus souvent, l'écusson de la tête s'arrête à la nuque, mais quelquefois il s'avance sur le cou, voire même sur les épaules. Il n'est pas rare non plus que celui de la croupe s'étende plus en avant sur le dos.

Mais quel que soit leur développement, les écussons ne doivent jamais se rejoindre. Ils doivent toujours être séparés par une bande blanche, faisant le tour du corps. Sur des animaux ayant de petites dimensions, il n'est pas rare de voir apparaître sur le dos de petits écussons supplémentaires. Cependant, ils ne doivent pas avoir un diamètre inférieur à un décimètre.

TRUITURES

A côté des larges plaques formées par les écussons, on observe sur certains porcs Limousins un autre genre de taches plus ou moins foncées allant du blanc sale au noir. Ce sont les truitures.

REBOULÉ ET VIRADE

Les soies du porc Limousin sont courtes, fines, noires ou blanches, couchées sur la peau dans le même sens, sauf sur le dos, où l'on trouve une disposition spéciale qui est un des caractères les plus marquants de cette race.

Chez le cheval, par exemple, le point de contact où les poils prennent deux directions différentes prend le nom d'épi.

Chez le porc Limousin, on rencontre deux fois cette disposition, mais ces deux épis, l'un placé sur la nuque et l'autre sur la croupe, ne sont pas formés de la même manière, aussi leur a-t-on donné un différent nom.

L'épi de la nuque, ou épi convergent, a reçu le nom de reboulé ; celui de la croupe, ou épi divergent, le nom de « virade » ; ces deux noms, d'origine patoise, sont très expressifs.

« *Reboulé* » signifie à rebrousse-poil ; ici, il indique plus particulièrement les poils venant de deux directions différentes et se rebroussant entre eux à leur point de jonction.

Or, ce nom de « reboulé » a été donné au point de contact où les poils de la tête couchés vers la queue rencontrent ceux du dos couchés vers la tête.

Très souvent, le reboulé se trouve sur la nuque, à la limite de l'écusson ; il s'ensuit que cet épi est formé de soies de deux couleurs : les noires en avant, les blanches en arrière.

« *Virade* » signifie tourner, changer de sens. Le deuxième épi, qui a reçu ce nom, est celui de la croupe ; il est formé par les soies qui, partant d'un point formant le centre de l'épi, se dirigent par groupes les uns du côté de la tête, les autres du côté de la croupe et les deux autres groupes se dirigeant chacun du côté d'une hanche de l'animal.

Authenticité

Après avoir cherché à faire ressortir les caractères si nettement accentués du cochon Limousin, il me reste à établir qu'il n'existe aucune race, en Limousin, qui puisse prétendre à ce nom.

En dehors des porcs Limousins que l'on trouve dans la Haute-Vienne, la Corrèze et la partie nord de la Dordogne, on rencontre aussi dans ces départements des porcs d'origines diverses : des Périgourdins sur les confins de la Dordogne, des Craonnais dans le nord et dans l'ouest de la région citée, un peu partout des Yorkshires et des croisements de ces différentes races.

Mais nulle part on ne peut trouver une race n'appartenant pas à celles que je viens d'énumérer, que l'on puisse rattacher à une race autochtone, autre que les porcs Limousins dont j'ai précédemment donné les caractères principaux.

Mais s'il n'y a qu'une espèce de porcs Limousins, les porcs pie-noirs, il n'en a pas toujours été ainsi. Je rapporte ici, à ce sujet, l'avis de M. Max Bonhomme, le doyen et le champion des éleveurs :

Il y a quarante ans, on rencontrait dans le pays deux variétés de porcs : la grande et la petite race. Les deux portaient les signes caractéristiques de la race : les écussons noirs, le reboulé. la virade, les truitures, etc., etc...

La petite race aux formes potelées avait les côtes très relevées, les oreilles étroites, finement attachées, pointant en haut et en avant. L'engraissement de cette variété était facile et très rapide.

La deuxième variété avait plus de taille, les côtes étaient moins relevées, les oreilles étaient plus fortes, les soies étaient plus abondantes. Cette variété était rustique, elle fournissait un lard abondant et complet, mais elle était moins précoce et plus difficile à engraisser que la précédente.

La première tentait plus les éleveurs, la deuxième était plus recherchée des acheteurs, auxquels elle réservait moins de surprises que la précédente.

Dans le but de satisfaire les acheteurs tout en conservant certains des avantages de la petite variété, les éleveurs opérèrent des croisements répétés et raisonnés entre les deux variétés, de telle sorte qu'aujourd'hui il n'existe plus qu'une variété de porcs Limousins, le type que j'ai décrit au début de ce chapitre.

La vogue et les débouchés du porc limousin

(Autrefois - Aujourd'hui)

Après avoir indiqué les caractères apparents de la race porcine Limousine, il importe d'énumérer ses qualités, afin de justifier la préférence dont elle a bénéficié pendant longtemps sur les races similaires voisines ou étrangères.

Chaque race, quelle qu'elle soit, à des mérites particuliers qui justifient sa vogue dans son pays d'origine, où elle répond mieux que toute autre aux conditions multiples et variées propres à la région.

Le porc Limousin s'est imposé pendant longtemps par son aptitude à tirer parti des ressources alimentaires toutes particulières de notre Limousin, dont je dirai un mot dans la suite, et aussi par sa propension marquée à fournir un lard très estimé et une grande quantité de graisse très fine et du saindoux.

La réputation du porc Limousin avait franchi les limites de notre province et les marchands venaient de très loin, notamment de la Gironde, s'approvisionner dans nos foires grasses, ainsi nommées parce qu'elles étaient exclusivement réservées aux animaux fins gras.

Les débouchés étaient assurés pour toute notre production porcine. Les jeunes, après le sevrage, avaient un écoulement facile vers le Haut-Limousin et la Charente, région où l'élevage des porcins est pour ainsi dire nul, mais où l'on possède de grosses réserves alimentaires. Les cultivateurs de ces deux régions venaient nous acheter à des prix assez rémunérateurs nos jeunes produits pour les engraisser.

Les sujets engraissés chez le naisseur avaient aussi un débouché assuré dans les foires grasses. Deux catégories d'acheteurs se les disputaient :

1° Les charcutiers des villes de notre province ;

2° Les courtiers de la Gironde.

Ces derniers achetaient de nombreux lots de porcs gras et ils les revendaient bête par bête en Gironde chez les particuliers, notamment aux viticulteurs. Le métier de courtier était assez lucratif, aussi sur nos foires ces derniers étaient de bons acheteurs.

A certains moments de l'année, notamment à l'approche des fêtes de Noël et de Pâques, les courtiers de la Gironde étaient nombreux ; ils achetaient beaucoup et faisaient souvent monter les prix.

On voit donc que, dans ces conditions, l'élevage et l'engraissement du porc Limousin était une entreprise sûre et lucrative pour ceux qui s'y livraient.

Aujourd'hui, il n'en est plus de même. Pourquoi ? C'est ce que je vais essayer de démontrer.

Je crois que l'on pourrait imputer ce fait à deux causes :

1° Le décret supprimant les taxes douanières sur les viandes et les graisses américaines.

2° La mode.

1.° Fin août 1924, il a paru un décret supprimant les taxes douanières sur les viandes et les graisses américaines.

Cette mesure fut prise dans le but de mettre à la portée du consommateur français des viandes frigorifiées et des graisses de deuxième qualité se vendant à un prix abordable.

Je ne rentrerai pas dans le détail pour savoir si ce but fut atteint. L'important est de constater le contre-coup de ce décret sur l'élevage des porcins en France et particulièrement sur celui des porcs Limousins.

Il y eut un moment d'engouement pour les viandes frigorifiées et les cours des porcins subirent une baisse importante. Les engraisseurs firent de mauvaises affaires, quelques-uns même abandonnèrent la spéculation.

De cet état de choses il résulta évidemment une baisse sur les porcelets, en un mot, une baisse générale. Beaucoup d'éleveurs abandonnèrent leur élevage et vendirent pour un prix rémunérateur leurs provisions alimentaires (pommes de terre, châtaignes, topinambours, etc...).

L'effectif des porcins fut donc singulièrement diminué en Limousin de ce fait.

Cependant, sans avoir disparu, cet état de choses s'est un peu atténué, quoique les viandes frigorifiques et les graisses américaines soient encore appréciées, l'engouement du début est passé.

Il est évident que le prix de ces dernières défie la concurrence du prix de la viande et de la graisse fraîche produite par nos porcins.

Mais la différence est énorme au point de vue qualité. On a remarqué que le consommateur se remettait peu à peu à acheter des viandes fraîches.

De ce côté donc le danger, qui promettait d'être considérable, semble vouloir s'écarter.

Mais il reste le second : la mode, et, malheureusement, il ne semble pas disposé à disparaître.

2° *La mode.* — Autrefois, le porc Limousin était très recherché du consommateur ; sa peau, très fine, était elle-même consommée sous le nom de « couenne ».

Du jour au lendemain, le goût du consommateur a changé ; il ne veut plus de porc Limousin car, dit-il, la peau de ce porc contient un pigment noir. C'est vrai, mais ce n'est pas d'aujourd'hui ; au temps où le porc Limousin était le favori, sa peau contenait aussi du pigment noir.

Il suffit de constater le fait, la mode a changé. Mais cette fantaisie a eu ses répercussions. Le porc Limousin et tous ses congénères à la robe pie-noire sont aujourd'hui fort dépréciés sur les marchés. Leur prix de vente au kilo est nettement inférieur à celui des races blanches.

Le coup porté à notre race porcine par ce changement de mode a été rude. En effet, la règle qui dit « que pour être bien rémunéré de ses produits le producteur doit fournir un objet conforme aux désirs du consommateur » est aussi vrai en élevage que pour la production d'objets industriels. Aussi de nombreux éleveurs Limousins ont-ils abandonné notre vieille race porcine pour entretenir dans leurs porcheries des porcs blancs (Craonnais et Yorkshire) qui trouvent sur les marchés un écoulement plus facile.

Zone d'élevage

Pour ces deux causes, les effectifs de la race porcine Limousine ont été singulièrement diminués. Mais la race n'a pas disparu. Dans tout l'arrondissement de Saint-Yrieix (Haute-Vienne), c'est elle qui peuple en grande partie les porcheries.

Même à l'époque où l'élevage des porcs Limousins était le plus florissant, Saint-Yrieix a toujours été le meilleur centre de production. Aujourd'hui encore, on y garde jalousement la race indigène. Aussi, maintenant, pour désigner les suidés Limousins, dit-on presque toujours : « la race de Saint-Yrieix ».

M. Max Bonhomme possède, à proximité de Saint-Yrieix, une superbe porcherie modèle qui fournit pour toute la région des reproducteurs de race pure.

Les porcs de Saint-Yrieix ont dans la région une telle renommée que leur écoulement est encore facile, malgré les inconvénients que j'ai exposés plus haut.

Autrefois, on rencontrait le porc Limousin dans une zone assez étendue de l'ouest à l'est, depuis Saint-Yrieix jusqu'à Tulle, principalement dans les cantons de Saint-Yrieix et Nexou (Haute-Vienne), dans ceux de Jumilhac et Lanouaille (Dordogne) et Lubersac-Juillac et Tulle, dans la Corrèze.

Aujourd'hui, on le trouve encore à l'état pur dans la région de Saint-Yrieix et quelque peu dans la partie du canton de Jumilhac qui avoisine Saint-Yrieix. Partout ailleurs, on le rencontre à l'état de croisement avec des porcs blancs, surtout le Craonnais. Quelquefois même, il a fait place complètement à ces derniers.

Remarque. — Je ne nie pas l'avantage que trouvent les éleveurs limousins à abandonner la race pie-noire, mais je suis heureux de voir que dans la région de Saint-Yrieix des conditions spéciales aient permis de continuer à élever avec bénéfice le porc indigène. Et le jour que je souhaite proche où la loi sur l'entrée libre des viandes et des graisses américaines sera rapportée, l'engraissement des suidés redeviendra rémunérateur.

Le porc Limousin retrouvera alors sa vogue. Et Saint-Yrieix pourra fournir aux éleveurs des différentes régions des reproducteurs de race pure que lui seul aura su conserver. Pour cela, je crois que Saint-Yrieix sera un jour appelé à jouer un rôle important dans l'élevage Limousin.

Aussi, dans le paragraphe suivant, j'étudie la région de Saint-Yrieix, ses ressources alimentaires et son élevage.

RÉGION DE SAINT-YRIEIX

Saint-Yrieix est essentiellement une région d'élevage. Les bovins, les porcins et les ovins y sont entretenus, mais la spéculation porcine tient la plus grosse place dans les fermes de cette contrée. Pourquoi ?

Je crois en trouver la raison en examinant les ressources alimentaires de cette région. En effet, Saint-Yrieix fait partie des collines sud du Limousin, dont les terrains siliceux, absolument dépourvus de calcaire, rendaient la culture des céréales impossible. La création des prairies naturelles pour l'alimentation des bovins y sera assez difficile, le sol étant essentiellement siliceux.

Saint-Yrieix semble donc devoir être le parent pauvre du Limousin. Il n'en est rien ; son sol convient au chêne et au châtaignier et porte en abondance la pomme de terre, le seigle, le sarrasin et le maïs. Cultures secondaires, dira-t-on. Cela est vrai, mais aussi cultures permettant de nourrir économiquement les porcins.

Voilà pourquoi, envers et contre tout, la région de Saint-Yrieix continue à élever et à engraisser des porcs.

On y a conservé le porc Limousin, parce que c'est lui qui profite le mieux des aliments produits par le sol. En effet, comme le montre le tableau ci-après, ces aliments sont riches au point de vue alimentaire et poussent à la graisse l'animal qui les consomme. Or, je l'ai déjà dit, le porc Limousin est un des meilleurs pour la production de la graisse, tant pour la quantité que pour la qualité. De plus, le porc Limousin, très rustique, résiste bien au climat assez rude de cette région qui, par son altitude, est la contrée la plus froide du Limousin.

TABLEAU DONNANT LA VALEUR DES ALIMENTS EMPLOYÉS POUR LA NOURRITURE DES PORCS

(D'après les tables de Kellner)

| DÉSIGNATION des ALIMENTS | Matière sèche | 100 PARTIES DE L'ALIMENT RENFERMENT | | | | | | | | Coefficient nutritif par rapport à l'amidon | Matières albuminoïdes digestibles pour 100 | Valeur nutritive exprimée en amidon pour 100 de l'aliment |
| | | PRINCIPES BRUTS | | | | PRINCIPES DIGESTIBLES | | | | | | |
		Protéine	Matière grasse	Extractifs non azotés	Cellulose	Protéine	Matière grasse	Extractifs non azotés	Cellulose			
Sarrasin (grains)...	85,9	11.3	2.6	54,8	14,4	8.5	1,9	42,3	3,5	0,93	7,5	52,7
Gland frais........	50,	3,3	2,4	36,3	6.8	2.7	1,9	32.6	4,1	0,95	2,2	40,4
Châtaignes fraîches.	50.8	4,8	1,5	40,9	2.5	2.6	1,2	30.3	0.8	0.99	1,5	34,1
Pommes de terre...	25,0	2.1	0,1	21.	0,7	1.1	0.6	18,9	15,5	1,	0,1	19.
Topinambours.....	20,4	1,5	0,2	16.9	0,7	1.	0.1	15,8	0,2	0,92	0,4	16,4
Maïs (grains)......	87.	9,9	4.4	69,2	2,2	7.1	3.9	65.7	1,3	1.	6,6	81,5
Seigle (grains).....	86.6	11,5	1.7	69,5	1.9	9,6	1.1	63,9	1,	0,95	8,7	71,3
Trèfle en vert......	18,5	2,8	0,7	7,	6,2	2.1	0.5	5,2	3,5	0,81	1,5	9,

De plus, le porc Limousin est avantagé par le mode d'élevage adopté à Saint-Yrieix, mode tout particulier que je vais exposer dans la suite, alors que des races plus améliorées y trouveraient difficilement leur compte.

L'Elevage

Dans la région qui nous occupe, toutes les fermes ou métairies se livrent à l'élevage du porc. Le nombre de truies entretenues varie avec l'importance du domaine.

Ce nombre va de une truie jusqu'à cinq ou six. Cependant, dans certaines fermes où la spéculation porcine est une spécialité, on entretient un plus grand nombre de truies.

Ce sont généralement les fermes les plus importantes qui entretiennent les verrats.

J'ai remarqué qu'en Limousin le nombre des verrats était relativement faible si on le compare à celui des truies. Ceci oblige les propriétaires de verrats à faire faire de nombreuses saillies au même animal.

Les éleveurs réduisent le nombre des verrats, autant que cela peut se faire sans nuire à la race, pour deux raisons :

1° Le prix de la saillie est minime, il ne dépasse que très rarement cinq ou six francs. Aussi, pour qu'un verrat paye son entretien, il faut qu'il fasse de nombreuses saillies et, pour cela il ne faut pas que le nombre des verrats soit trop important.

2° Le verrat demande des soins particuliers, notamment pour le logement : il lui faut un logement assez spacieux ; en Limousin. la question logement des animaux, surtout celle des porcs, est presque partout défectueuse.

On peut trouver une excuse à ceci dans le régime de quasi-liberté où vivent les porcs. Comme je l'expliquerai dans la suite, la porcherie n'est considérée que comme un abri pour la nuit ; ils ont donc peu à souffrir des mauvaises conditions de logement. Mais pour le verrat, les conditions ne sont plus les mêmes. Le verrat reste à l'étable ; s'il sort, ce n'est que pour peu de temps, dans un enclos attenant à sa loge. Bien souvent, le manque d'un logement convenable empêche une ferme de tenir un verrat.

De plus, il est des moments où les porcs prennent toute leur nourriture dans le champ. ce qui évite une préparation longue et coûteuse des aliments à la ferme, mais s'il y a un ou deux verrats il faudra tout de même faire pour eux cette préparation, qui sera presque aussi longue et aussi coûteuse que si on la faisait pour toute la porcherie.

A mon humble avis, voici les quelques raisons qui font que les verrats sont relativement peu nombreux.

Mais il faut croire cependant qu'ils sont en nombre suffisant, car les truies et les verrats Limousins sont très féconds. Il est rare de voir des truies non fécondées et les portées sont nombreuses.

Pratique de l'élevage

L'arrivée de la vie sexuelle chez la jeune truie Limousine est un peu plus tardive que chez les races dites précoces. Toutes les conditions extérieures concourent à perpétuer ce fait (mode d'élevage, alimentation, climat, etc.).

Aussi, le plus souvent, la truie a ses premières chaleurs vers l'âge de huit ou dix mois, et habituellement on ne les conduit au mâle que vers l'âge d'un an.

Le jeune verrat serait apte assez tôt à remplir son rôle, mais il ne faut pas abuser de lui. Si on lui fait faire quelques saillies vers l'âge de huit à dix mois, ce doit être avec précaution ; on ne le met véritablement en service qu'à l'âge d'un an ou quinze mois.

Ces précautions sont prises pour ne pas arrêter la croissance des jeunes reproducteurs, qui, une fois arrêtée, ne reprend que difficilement et qu'imparfaitement.

Mode d'élevage et d'alimentation

Le mode d'élevage varie suivant les ressources alimentaires et celles-ci sont différentes suivant les saisons. Aussi vais-je faire quatre divisions :

1° L'ÉTÉ

Le matin, on donne un léger repas chaud composé d'aliments hétéroclites, car à ce moment les ressources sont maigres.

Je dois noter cependant qu'il est une culture
bien spéciale qui tire les propriétaires d'embarras.
Ils font une culture de betteraves, mais ne les
démarient pas, comme ceci se pratique ordinairement ; au moment où les betteraves sont grosses
comme le doigt, on fait un éclaircissage qui fournira la nourriture des porcs pendant plusieurs
semaines. Puis, cette récolte terminée, on effeuil-
lera les betteraves que l'on aura laissées, puis enfin
viendra la récolte des racines.

Dans quelques fermes qui n'ont pas eu la précaution d'établir cette culture, on nourrit les porcs
avec des orties cuites.

Après ce léger repas, les animaux sont mis
dehors ; on les envoie dans un champ de trèfle,
mais ce procédé est défectueux, car les porcs gas-
pillent trop de nourriture, aussi, fréquemment, on
les enferme dans un enclos attenant à la ferme et,
là, on leur porte du trèfle.

On les rentre vers 10 heures, moment où la chaleur se fait sentir. Et, le soir, vers 5 heures ou
5 heures et demie, on les remettra dans l'enclos,
où on leur portera une nouvelle provision de trèfle.

2° AUTOMNE

En Limousin, on fait très fréquemment une
culture dérobée de raves sur les chaumes immédiatement après la moisson.

Cette culture est peu coûteuse et fournit un
aliment précieux en octobre-novembre. La rave
constituera le repas chaud du matin.

A ce moment, il est utile de distinguer deux catégories d'animaux qui ne recevront pas la même nourriture :

a) *Les porcs coureurs* qui, après le repas indiqué, seront envoyés, sous la garde d'un enfant, jusqu'au soir, à 4 ou 5 heures, dans les bois de chênes et surtout de châtaigniers pour consommer les fruits de ces arbres qui, à ce moment, jonchent le sol.

Il sera rarement nécessaire de leur donner un supplément de nourriture à leur retour, car ils font de bons repas, surtout sous les châtaigniers.

b) *Les porcs que l'on met à l'engrais.* Ce sont les porcs de douze ou quinze mois. On les met à l'étable et ils ne sortent plus que pendant dix minutes avant chaque repas, à la fin de l'engraissement ils ne sortent même plus du tout.

Ils font généralement deux ou trois repas par jour ; ces repas se composent, au début, de brennée tiède de betteraves ; puis, après, cette brennée est composée d'un mélange de pommes de terre et de topinambours, de carottes cuits ensemble. Dans le dernier mois de l'engraissement, on adjoint aux brennées des farines grossières (farines et son) de seigle ou de sarrasin, parfois même du maïs en grains.

Tous ces repas sont copieux, mais sans gaspillage, car si les porcs font des refus on les donne aux jeunes porcelets. Avec une telle alimentation, trois mois ou trois mois et demi, suivant les sujets, permettent d'obtenir un engraissement complet ; chaque sujet pèse à ce moment de 200 à 270 kgs.

3° L'HIVER

A ce moment, tous les porcs sont à l'étable, aussi bien les coureurs que les porcs à l'engrais.

Dans certaines fermes où les provisions sont abondantes, on fait une deuxième fournée d'engraissement. Ceux qui y sont soumis ont le régime alimentaire que j'ai précédemment indiqué pour ceux de l'autre fournée.

Les coureurs font deux repas par jour, composés d'une brennée de topinambours et de quelques pommes de terre cuites ; l'après-midi, si le temps n'est pas trop mauvais, on les met dans un enclos attenant à la ferme pour qu'ils puissent prendre leurs ébats et former leurs muscles, conditions indispensables pour obtenir des sujets qui, plus tard, lorsqu'ils seront soumis à l'engraissement, fourniront un poids imposant.

Remarque. — Dans certaines fermes, où l'on ne fait qu'une fournée d'engraissement par an, on ne commence celui-ci que pendant l'hiver. Les porcs qui sont destinés à y être soumis sont traités pendant l'automne comme les coureurs. Ils vivent abondamment de châtaignes. A la rentrée définitive à l'étable, au début de l'hiver, les sujets sont déjà bien en chair, leur engraissement sera par conséquent très rapide.

4° LE PRINTEMPS

A ce moment, la nourriture des porcs sera extrêmement variée, mais parfois peu abondante.

Ce seront des brennées où entreront :

Les feuilles de choux fourragers (repiqués en octobre) ;

Les jeunes pousses de fougères ;

Les orties ;

Et les derniers tubercules et racines.

Deux fois par jour, on leur donnera une certaine quantité de ce mélange et, entre temps, on les mettra dans un enclos où ils pourront manger l'herbe au départ de sa végétation.

Remarques. — 1° Je dois dire que les truies en état de gestation avancée et celles en lactation, ainsi que leurs jeunes porcelets, ne sont pas soumises aux divers régimes que j'ai indiqués. Elles sont conservées à l'étable et fortement nourries.

2° On voit qu'à deux périodes de l'année, printemps et été, la nourriture n'est pas très riche, mais elle est suffisante, car, à ce moment, il ne s'agit pas d'engraisser les sujets, mais de les entretenir à peu près en chair.

3° D'après le mode d'élevage indiqué, on comprend bien que pour tirer parti des ressources de la contrée il faut le porc Limousin et non tel ou tel porc plus précoce que ce dernier et plus avantageux dans des conditions différentes.

Maladies du porc

Le porc Limousin n'est que très rarement malade. Sa forte constitution, qu'il s'est acquise dans le milieu particulièrement rude où il vit, l'ont rendu peu sensible à l'atteinte des maladies. Cependant, je cite brièvement trois maladies que l'on rencontre parfois :

1° La Ladrerie

Est due à des cysticerques, qui ne sont autres que les larves du ténia de l'homme. Les jeunes porcs contractent cette maladie en consommant des ordures contenant l'embryon du ténia, dont l'enveloppe est dissoute dans l'estomac. Les embryons, munis de crochets, traversent les muqueuses, pénètrent dans le sang et s'arrêtent de préférence dans les muscles du sujet. Cette maladie se décèle ordinairement par la présence de vésicules sous la langue. J'ai observé que cette maladie est plus rare maintennat chez le porc Limousin qu'elle ne l'était autrefois. Je crois que l'on peut attribuer ce fait à ce que l'on nourrit mieux les jeunes porcs ; leur estomac ne criant plus famine, ils n'éprouvent pas le besoin de manger les ordures qu'ils rencontrent sur leur chemin.

2° **La pneumo-entérite infectieuse**

Le porc Limousin n'attrape que rarement cette maladie, qui est peut-être la plus terrible de celles qui s'attachent aux suidés ; c'est du moins celle qui occasionne le plus de cas mortels.

La cause de cette maladie est une bactérie. On ne connaît pas ou peu de traitement curatif. On avait essayé les injections au vaccin Leclainche, qui donne de merveilleux résultats pour le rouget, mais dans ce cas il est toujours resté sans effet.

3° **Le rouget**

Cette maladie est due à un bacille découvert et étudié par Pasteur. Elle se manifeste par des taches rougeâtres qui apparaissent aux endroits où la peau est la plus fine. Les taches passent au rouge franc, puis au violet et, enfin, au brun.

Autrefois, cette maladie faisait de grands ravages dans les porcheries limousines. Aujourd'hui, elle a presque totalement disparu, et ceci grâce à l'habitude aujourd'hui prise de faire vacciner au sérum et séro-vaccin de M. E. Leclainche tout porcelet arrivé environ à l'âge de trois mois. Il est rare qu'avant cet âge les jeunes porcelets contractent cette maladie.

MODE D'OPÉRER

Dans le cas courant, c'est-à-dire pour la vaccination d'un porc de trois mois, on fait une première injection de 1/2 cm.³ de vaccin + 5 cm.³ de sérum. Douze jours après, on fait une deuxième injection de 1/2 cm³ de vaccin pur.

Dans le cas où l'on aurait affaire à des porcs de plus de 50 kgs, on fait une injection de 1/2 cm.³ de vaccin + 10 cm.³ de sérum. Douze jours plus tard, on fait une deuxième injection de 1/2 cm.³ de vaccin pur.

Dans le cas d'animal déjà sous l'empire de la maladie, on fait immédiatement une picûre de 10 cm.³ de sérum trois jours avant de faire la vaccination. Car l'introduction, par voie de piqûre, de microbes atténués dans un animal portant déjà les germes de la maladie, causerait sans nul doute une mort rapide.

L'injection préférable de sérum a pour but de fournir à l'animal les éléments de lutte nécessaire. Ainsi le vaccin portera tous ses fruits sans présenter de danger pour le sujet.

CHAPITRE IV

LES MOUTONS LIMOUSINS

Quoique n'ayant pas la prétention de présenter un travail complet sur l'élevage limousin, je ne puis passer sous silence les ovins de notre province.

Si leur élevage est aujourd'hui réduit pour des raisons que j'essayerai d'exposer, il y a encore peu de temps leur importance était telle que l'on pouvait les considérer comme une des sources de la richesse du pays.

Le mouton limousin

Avant d'entreprendre l'énumération des caractères distinctifs de la race, je dois signaler qu'il existe deux variétés : la petite et la grande. Leur zone d'élevage n'était pas tout à fait la même.

Dans la partie montagneuse du Limousin, on se livrait à l'élevage de la petite variété. Dans le Bas-Limousin, aux confins du Poitou, une meilleure alimentation, favorisée par un climat moins rude que dans la Creuse et la Corrèze, par les progrès de la culture, la race a pris un développement plus important et a donné naissance à la grande variété.

Leur distinction ne peut se faire que par la taille, les autres caractères étant exactement semblables, à savoir :

Tête un peu allongée, assez forte, à profil busqué, absence de corne même chez le mâle ; arcades orbitaires peu saillantes ; oreilles longues, larges, épaisses, à peu près horizontales; toison d'un blanc uniforme, avec poils satinés sur la tête, le cou et les oreilles ; laine blanche, frisée en mèche pointue, moyennement fine, un peu sèche et cassante, **se** détachant facilement ; le poids de la toison varie entre 2 kgs et 3 kgs pour une bête adulte.

Squelette moyen, membres longs, fins et entièrement découverts. M. J.-A. George, qui s'est occupé, dans *l'Agriculture Pratique,* du mouton Limousin, rattache ce dernier au type du bassin de la Loire (*ovis aries Ligeriensis*).

La race ovine Limousine habitait autrefois toute la région granitique du Limousin et de la Marche.

Son sort n'était pas enviable : un climat très rigoureux, car c'est surtout sur la partie montagneuse du Limousin que se pratique l'élevage des ovins, et la maigre nourriture (fétuques et bruyères) que pouvait produire un terrain granitique presque stérile, voici le triste apanage des moutons.

Ceci, sans être très ancien, peut recevoir le qualificatif d'autrefois. Depuis la création de la ligne de Châteauroux à Limoges, qui a permis d'amener en Haute-Vienne la chaux de l'Indre et du Cher, la chaux, véritable fée bienfaisante du Limousin, a métamorphosé ma province. Les maigres pacages ont fait place à de fertiles prairies. Il semblerait que les ovins et tout le cheptel limousin, sous l'influence d'une alimentation devenue abondante et riche, aient dû entrer dans une période nouvelle de progrès.

Les espoirs ne furent pas déçus quant aux bovins, comme j'ai essayé de le montrer au chapitre II. Les ovins n'ont point échappé à une petite amélioration, mais il y a cependant eu une déception : on s'est aperçu que le mouton Limousin, qui avait fait montre de qualités extraordinaires et uniques pour tirer parti des maigres ressources alimentaires que le Limousin produisait avant l'apparition de la chaux, ne tire que médiocrement parti d'une alimentation devenue riche. Je ne veux pas dire par là que le mouton Limousin semble préférer la disette à l'abondance, mais il est certaines races plus améliorées qui tireraient un meilleur parti des ressources alimentaires que l'on possède actuellement en Limousin.

Ce raisonnement, les éleveurs l'ont fait déjà depuis plusieurs années. Et je vais indiquer dans la suite comment ils s'y sont pris pour la mettre en pratique.

Je dirai comment le mouton Limousin pur a à peu près disparu des plaines fertilisées par la chaux. Il ne se rencontre à l'état de pureté que sur la région montagneuse du Limousin, là où le sol est le plus pauvre, et où il n'a pas encore été fait d'apport de chaux. En effet, les moyens de communication très défectueux de cette contrée ont rendu le chaulage impossible.

Comment on a amélioré le cheptel ovin limousin

Trois races ont tenté les éleveurs : ce sont le Southdown, la Charmoise et, pour quelques-uns, l'Ile-de-France.

Mais les opinions divergent très vite pour le choix du mode d'opération. Quelques-uns disent qu'il fallait agir avec prudence et croiser les brebis indigènes avec des béliers des races indiquées. D'autres préfèrent vendre leur troupeau de moutons du pays et créer immédiatement un troupeau d'une des races pures citées.

Il est intéressant de constater quels furent les résultats.

1° PAR LE CROISEMENT

Si ce procédé ne fut pas couronné de succès, c'était du moins celui que conseillait la prudence.

En effet, introduire brusquement un troupeau de bêtes améliorées en Limousin semblait présenter de nombreux aléas. Il était bien permis de douter de la réussite. Tandis que l'amélioration par croisements successifs semblait devoir être le parti le plus normal.

On pensait faire absorber insensiblement la race du pays par une race amélioratrice et, après quelques années de travail, avoir le même résultat que ceux qui avaient introduit des troupeaux de race pure d'un seul coup.

Il fallait la mise en pratique de cette théorie pour se rendre compte que l'on s'était trompé. On avait calculé sans la résistance du mouton Limousin à l'absorption par croisement.

C'est un fait difficile à expliquer, mais qui est reconnu par presque tous les éleveurs limousins.

J'ai eu moi-même l'occasion d'observer un troupeau résultant du croisement ininterrompu, pendant quinze ans, de brebis Limousines avec un bélier Charmoise, puis des métis avec un autre Charmoise, et ainsi de suite ; par le fait, les métis que j'ai observés avaient théoriquement une infime partie de sang Limousin. L'aspect extérieur du troupeau aurait donc dû être tout du Charmoise. Or il n'en était rien, les métis semblaient être des demi-sang et encore le troupeau était des plus hétérogènes. Je ne veux pas poser ceci en principe, mais je rapporte le fait, qui a son importance, puisque je suis absolument sûr de l'authenticité du croisement. J'ai cherché des explications à ce phénomène. Je les donne pour ce qu'elles valent.

Le mouton Limousin, à mon avis, a résisté à l'absorption par croisement avec le Charmoise parce que :

1° Ce croisement a eu lieu dans le pays d'origine du Limousin ; de ce fait, le Charmoise se trouve défavorisé.

2° Le mouton Limousin est une race fixée, depuis longtemps établie et sélectionnée, ses caractères sont donc très accusés et peu enclins à se modifier ; tandis que le Charmoise est une race établie par divers croisements et relativement depuis peu de temps.

3° La misère dans laquelle vivait autrefois le mouton Limousin l'a doté d'une très grande rusticité. Par contre, tout en étant une race rustique, le Charmoise est cependant plus délicat. Il doit ceci à un de ses ancêtres, le mouton de Kent.

4° Quoique les gestations doubles soient peu fréquentes chez le mouton Limousin, celui-ci est cependant très fécond, tandis que le taux de fécondité chez le Charmoise n'est guère que de 85 %.

Remarque. — Si le croisement Charmoise-Limousin pour obtenir un type amélioré fixe n'a pas eu de succès, je dois dire qu'il est cependant fortement employé sous le nom de « croisement industriel » pour obtenir des bêtes de boucherie très appréciées. Cette spéculation consiste à accoupler des brebis Limousines pures avec des béliers Charmoises purs ; le métis obtenu n'est pas employé à la reproduction, mais vendu à la boucherie.

Les croisements ont été faits avec le Southdown et même avec l'Ile-de-France. Je ne peux pas donner d'exemple aussi typique que pour le Charmoise, cette dernière race ayant été seule importée dans ma région. Mais, je sais que le croisement des brebis Limousines avec des béliers de ces deux autres races a donné des métis d'un excellent type de boucherie ; je crois d'ailleurs que là s'arrêtent leurs qualités. Je n'ai pas eu l'occasion de voir de troupeaux où l'on se sert de ces métis comme reproducteurs.

2° PAR L'INTRODUCTION D'UN PETIT TROUPEAU

DE RACE PURE AUTRE QUE LA RACE LIMOUSINE

Cette tentative qui, je l'ai dit, semblait périlleuse, a admirablement bien réussi. C'est ainsi qu'aujourd'hui il existe, un peu sur tous les points du Limousin, des troupeaux de races pures de Charmoise et de Southdown. Je ne cite pas à dessein l'Ile-de-France, car ce dernier n'a que peu de partisans en Limousin pour deux raisons : 1° parce qu'il est plus gros mangeur que les animaux des deux autres races ; 2° parce que, en supplément du bon fourrage sec que l'on donne aux moutons l'hiver, l'Ile-de-France exige presque, pour bien réussir, une ration de betteraves ; or, on en cultive trop peu en Limousin pour pouvoir en donner aux ovins.

Il reste donc les deux autres races. Les Charmoises sont le plus généralement entretenus dans le sud du Limousin ; on en trouve d'assez nombreux troupeaux, troupeaux souvent assez minimes, mais formés de bêtes de race. Je dois même dire que, fatigués de faire venir de l'Indre et du Cher des béliers qui coûtent fort cher, certains éleveurs limousins se sont mis à sélectionner leur troupeau et vendent aujourd'hui des reproducteurs.

Le Charmoise s'est admirablement acclimaté en Limousin et remplit de satisfaction ceux qui se livrent à son élevage.

Il en est de même pour le Southdown. Je ne sais pour quelles raisons il n'est que très rarement élevé au sud de Limoges. Je me garderai bien de dire que l'une de ces deux races est supérieure à l'autre. Je les crois simplement égales. La meilleure preuve, c'est qu'éleveurs de Charmoises ou éleveurs de Southdown se montrent enchantés et ne cherchent pas à changer leur troupeau.

Remarque. — Je l'ai déjà dit, les ovins indigènes, bien qu'ayant perdu beaucoup de leur importance, n'ont pas encore disparu, et je crois bien qu'ils resteront encore longtemps sans rivaux dans la région montagneuse de ma province.

L'élevage du mouton indigène n'est pas un pis-aller ; les éleveurs de cette région peuvent se livrer au croisement industriel dont j'ai déjà parlé ; or, c'est aujourd'hui une spéculation fort intéressante, les marchés de la Villette notamment offrant d'excellents débouchés.

De plus, dans beaucoup d'autres régions de la France, où l'on se livre au croisement industriel, on s'est aperçu que les brebis limousines convenaient parfaitement bien à ce croisement. Aussi, des débouchés importants s'offrent aux « antenaises » que les éleveurs limousins produisent en grande nombre.

En somme, suivant les conditions dans lesquelles il se trouve, l'éleveur limousin choisit telle ou telle des spéculations que j'ai indiquées. Elles sont toutes, aujourd'hui, très rémunératrices. Aussi rien n'est plus vrai que ce que j'ai dit au début de ce chapitre.

L'élevage des ovins est en Limousin une source importante de richesse.

Il faut croire que le climat de ma province convient particulièrement bien aux moutons, car ceux-ci n'y sont presque jamais malades. Une seule maladie peut parfois être constatée, c'est la cachexie aqueuse, mais elle ne fait de ravages sur n'importe quel point du territoire, c'est sur les parties peu importantes qui sont par trop basses et par trop humides qu'elle sévit.

Les éleveurs ne possédant que des pâturages humides se sont donc vus, à leur grand regret, obligés d'abandonner l'élevage du mouton, qui est d'un bon rapport pour ceux qui possèdent des herbages et des pacages sur les hauteurs.

CONCLUSION

« Le Limousin sans son élevage serait aussi pauvre que les Landes sans leurs pins », telle était la proposition qe je voulais démontrer dans ma thèse.

Dans mon premier chapitre, j'ai essayé de prouver que, pour échapper à la pauvreté, le Limousin agricole ne pouvait pas frapper à deux portes. L'élevage seul lui offrait un refuge.

De ce refuge, il ne fallait pas user comme d'un pis-aller. Il nous avait sauvés de la misère. Il fallait lui demander l'abondance. Mais ceci, l'homme seul ne pouvait le faire. Comme dans les contes de nos grand'mères, il fallait l'intervention d'une fée bienfaisante. Mon Limousin a eu, lui aussi, sa fée bienfaisante : la chaux a fait son apparition et d'un seul coup les choses ont été changées.

Cette abondance que l'homme n'osait pas demander à l'élevage, il était en droit maintenant de l'obtenir.

Dans la suite de mon travail, j'ai essayé de montrer comment l'éleveur limousin l'avait obtenue et comment il possédait, aujourd'hui, cette aisance que, si longtemps, le sol lui avait refusée.

J'ai examiné tour à tour les sources de sa richesse, en un mot, les différents membres du cheptel limousin : ses bovins, ses porcins et ses ovins. Pour être juste, j'aurais dû parler des équidés qui, aux moments les plus critiques, fournirent quelques ressources à nos aïeux. Mais, malheureusement, cet élevage est aujourd'hui totalement abandonné.

L'ancien cheval Limousin étant presque un pur sang, n'est plus de ceux dont l'élevage est lucratif aujourd'hui.

J'ai essayé de présenter de mon mieux les trois grandes races animales de ma région.

Je ne sais si l'amour de ma province et de tout ce qui la concerne a toujours pu masquer mon peu d'expérience. Je ne le crois pas et m'en excuse auprès de ceux qui liront mon travail.

Paul de Magondeau,

Lauréat de la Société des Agriculteurs de France.

TABLE DES MATIÈRES

Imprimerie Départementale de l'Oise, 26, Rue de Malherbe, Beauvais